Controle de sistemas multirrobôs

Blucher

Controle de sistemas multirrobôs

Mário Sarcinelli Filho

Controle de sistemas multirrobôs
© Mário Sarcinelli Filho

Editora Edgard Blücher Ltda.
Publisher Edgard Blücher
Editores Eduardo Blücher e Jonatas Eliakim
Coordenação editorial Andressa Lira
Produção editorial Kedma Marques
Revisão de texto Horizon Soluções Editoriais
Imagem da capa iStockphoto

Capa Laércio Flenic

Editora Blucher
Rua Pedroso Alvarenga, 1245, 4º andar
CEP 04531-934 – São Paulo – SP – Brasil
Tel.: 55 11 3078-5366
contato@blucher.com.br
www.blucher.com.br

Segundo o Novo Acordo Ortográfico, conforme 6. ed. do *Vocabulário Ortográfico da Língua Portuguesa*, Academia Brasileira de Letras, julho, 2021.

Dados Internacionais de Catalogação na Publicação (CIP)
Angélica Ilacqua CRB-8/7057

Sarcinelli Filho, Mário

Controle de sistemas multirrobôs / Mário Sarcinelli Filho.– São Paulo: Blucher, 2023.

123 p.,

ISBN 978-85-212-2150-0 (impresso)

ISBN 978-85-212-2148-7 (eletrônico)

1. Robótica 2. Controle de sistemas 3. Sistemas multirrobôs

23-4913 CDD 629.892

Índices para catálogo sistemático: I. Robótica

Dedico este trabalho:

À memória dos meus pais, Mário e Glória, e do meu irmão, José Antônio.

À minha esposa, Cleonice, meus filhos, João Vitor, Maria Alice e José Mário, meu genro, Rodrigo, minha nora, Paola, e meus netos Joana e Vicente (e os demais que, porventura, eu venha a ter).

Aos meus irmãos, Glória, Pascoal, Carlos e Marcelo, e também a todos os meus sobrinhos e sobrinhas.

Sobre o autor

Mário Sarcinelli Filho nasceu em João Neiva, Espírito Santo. Formou-se Engenheiro Eletricista pela Universidade Federal do Espírito Santo (UFES), em janeiro de 1979, e obteve os títulos de mestre e doutor em Ciências pela Universidade Federal do Rio de Janeiro (UFRJ), ambos em Engenharia Elétrica, em dezembro de 1983 e março de 1990, respectivamente. Atualmente, é professor titular do Departamento de Engenharia Elétrica da UFES, *Campus* de Goiabeiras, sediado em Vitória – ES, onde atua como professor nos níveis de graduação e pós-graduação, lecionando disciplinas e orientando dissertações de mestrado e teses de doutorado. Também coordenou o programa de pós-graduação em Engenharia Elétrica da UFES de 1992 a 1998, e de 2002 a 2012. É bolsista de Produtividade em Pesquisa do Conselho Nacional de Desenvolvimento Científico e Tecnológico (CNPq), nível 1C, além de ser membro do *Executive Advisory Board* da revista *Journal of Intelligent & Robotic Systems*, publicada pela editora Springer. Também é autor do livro *Control of ground and aerial vehicles*, publicado pela editora Springer, além de já ter publicado mais de 65 artigos em revistas indexadas de circulação internacional, mais de 350 artigos em congressos nacionais e internacionais, e 17 capítulos de livros. Já orientou 21 estudantes de doutorado e 27 estudantes de mestrado. Seus interesses em pesquisa incluem os temas controle não linear, navegação de robôs móveis, controle de sistemas de múltiplos robôs móveis, veículos aéreos não tripulados e controle coordenado de robôs terrestres e aéreos (sistemas multirrobôs).

Agradecimentos

Agradeço à Universidade Federal do Espírito Santo (UFES) pela estrutura de trabalho que me permitiu desenvolver a *expertise* necessária para chegar aos resultados que geraram este livro, assim como às agências de fomento que me propiciaram os recursos financeiros necessários para fazê-lo, nominalmente o Conselho Nacional de Desenvolvimento Científico e Tecnológico (CNPq), a Coordenação de Aperfeiçoamento de Pessoal de Nível Superior (CAPES) e a Fundação de Amparo à Pesquisa e Inovação do Espírito Santo (FAPES).

Por fim, gostaria de agradecer a todos os meus estudantes de mestrado e doutorado, os quais foram os agentes que desenvolveram as ideias que permitiram alcançar os resultados aqui apresentados, notadamente aqueles que trabalharam com robôs móveis aéreos, os veículos aéreos não tripulados (VANT), do inglês *unmanned aerial vehicles (UAV)*, quer navegando isoladamente, quer navegando em formação, este último caso, especificamente, abordado neste livro. A todos vocês, o meu muito obrigado.

Prefácio

Este livro trata especificamente do controle de sistemas multirrobôs (SMR), que são sistemas compostos por múltiplos robôs atuando de forma cooperativa para cumprir uma tarefa específica. Por questões de eficiência na execução da tarefa, muitas vezes é mais conveniente usar vários robôs atuando de forma cooperativa do que um único robô. Um bom exemplo disso é a exploração de Marte pela *National Aeronautics and Space Administration* (NASA). Hoje, a NASA dispõe de dois veículos na superfície do planeta Marte, que são um veículo terrestre e um veículo aéreo. O veículo aéreo auxilia o terrestre na obtenção de imagens do tipo vista de pássaro (*bird's eye view*), que são imagens aéreas de um dado objeto ou microrregião. O veículo aéreo é transportado pelo terrestre, decola dele e volta a pousar nele, após a tomada de imagens.

Uma situação similar a essa, que também envolve veículos aéreos cooperando com um ou mais veículos terrestres é a entrega de pacotes, em que o *drone* de entrega decola do veículo terrestre, entrega o pacote e retorna para pousar no veículo terrestre.

Outra situação típica de aplicação de múltiplos robôs é no transporte de carga por vários veículos aéreos. Com vários veículos, é possível aumentar a capacidade de carga ou mesmo transportar de forma eficiente uma carga de formato específico. Por exemplo, dois *drones* são a forma mais adequada de transportar uma carga em forma tubular.

Assim, atividades em que se demanda a atuação de vários robôs atuando em forma cooperativa têm surgido de forma muito rápida, demandando conhecimento de técnicas que permitam controlar um sistema composto por múltiplos robôs, ou seja, um sistema multirrobôs.

Neste contexto, este livro aborda três técnicas para o controle de um sistema multirrobôs: a técnica baseada na estrutura líder-seguidor, a técnica baseada em estruturas virtuais e a técnica de controle baseado em comportamentos. Neste último caso, é abordada a técnica de comutação entre comportamentos baseada no espaço nulo da matriz jacobiana associada ao comportamento de maior prioridade, dada uma sequência de prioridades decrescente para os comportamentos considerados.

Em cada caso, são mostrados exemplos usando os controladores propostos, alguns apenas em simulação e outros envolvendo experimentos em escala de laboratório, sempre detalhando os parâmetros envolvidos em cada controlador, para permitir ao leitor interessado replicar os exemplos, ou mesmo desenvolver seus próprios projetos. Para os exemplos, são utilizados robôs terrestres a rodas, do tipo tração diferencial ou omnidirecional, e robôs aéreos do tipo quadrimotor.

Conteúdo

Lista de figuras 17

1 Introdução 23

1.1 Paradigmas de controle para SMR 24

1.1.1 Estrutura/formação líder-seguidor 24

1.1.2 Estrutura virtual 26

1.1.3 Paradigma de controle baseado em comportamentos . 28

1.2 Conteúdo subsequente do texto 29

1.3 O controlador de cinemática inversa 30

1.3.1 Seguimento de trajetória 30

1.3.2 Posicionamento 32

1.3.3 Seguimento de caminho 33

2 Cinemática dos robôs móveis utilizados 35

2.1 Robôs móveis a rodas de tração diferencial 36

2.2 Robôs móveis a rodas omnidirecionais 40

2.3 Robôs móveis aéreos do tipo quadrimotor 43

3 Controle de formações líder-seguidor 47

3.1 Controle de uma formação líder-seguidor com dois robôs . . 48

3.2 Controle de uma formação líder-seguidor com três ou mais robôs 50

3.3 Exemplos de controle de formações líder-seguidor . . . 52
3.3.1 Exemplo 1: Posicionamento do líder . . . 52
3.3.2 Exemplo 2: Seguimento de trajetória pelo líder . . . 54
3.3.3 Exemplo 3: Experimento com dois quadrimotores *Bebop 2* . . . 56
3.3.4 Exemplo 4: Experimento com um líder terrestre e um seguidor aéreo . . . 60
3.3.5 Exemplo 5: Formação com um líder do tipo omnidirecional e dois seguidores omnidirecionais . . . 66

4 Controle de formações baseado em estruturas virtuais **69**
4.1 O espaço da formação e o espaço dos robôs . . . 70
4.2 A estrutura de controle proposta . . . 72
4.3 Exemplos de controle de formações com base na estrutura virtual . . . 77
4.3.1 Exemplo 1: Posicionamento da estrutura virtual, para dois robôs uniciclo . . . 77
4.3.2 Exemplo 2: Seguimento de trajetória utilizando dois quadrimotores . . . 78
4.3.3 Exemplo 3: Posicionamento de uma formação de três robôs uniciclo . . . 83
4.3.4 Exemplo 4: Seguimento de caminho por uma estrutura virtual com um robô uniciclo e um quadrimotor 85
4.3.5 Exemplo 5: Seguimento de trajetória por uma formação de dois robôs omnidirecionais . . . 90

5 Controle de formações com múltiplos objetivos **95**
5.1 Controle comportamental baseado em espaço nulo . . . 96
5.2 Exemplos . . . 99

5.2.1 Exemplo 1: Estrutura virtual com dois robôs omnidirecionais, com prioridade para a subtarefa de manter a forma da estrutura 99
5.2.2 Exemplo 2: Formação de dois robôs omnidirecionais seguindo uma trajetória num ambiente com um obstáculo 101
5.2.3 Exemplo 3: Posicionamento de uma formação composta por um robô uniciclo e um quadrimotor, com desvio de obstáculo no chão 109

6 Conclusão **113**

Referências **115**

Índice remissivo **121**

Lista de figuras

1.1 Duas formas de estrutura líder-seguidor, considerando um grupo de $N + 1$ robôs. A estrutura da esquerda contém um só líder e vários seguidores, enquanto naquela da direita os seguidores são também líderes de outros robôs, formando uma estrutura em cascata. 25

1.2 Exemplo de uma estrutura virtual, formada por dois robôs terrestres. A estrutura virtual é o segmento de reta em cor vermelha, sendo as variáveis da formação e as variáveis dos robôs também indicadas. O ponto tomado como referência para descrever a estrutura virtual, como se vê, coincide com o robô número 1. 27

1.3 Diagrama de blocos correspondente ao controlador de cinemática inversa para o caso de seguimento de trajetória, quando se usa o saturador $tanh(.)$. O super índice w se refere a coordenadas globais. Note-se que o bloco mais à direita corresponde ao modelo cinemático do robô e, numa situação real, seria substituído pelo robô. 34

2.1 Robôs móveis a rodas de tração diferencial da família *Pioneer 3*, da empresa *Adept Mobile Robots*. 36

2.2 Esquema do robô *Pioneer 3*, visto de cima, com seus eixos próprios, os eixos do sistema de coordenadas globais, as velocidades admissíveis para tais robôs não holonômicos, sua posição e sua orientação no plano $X^w Y^w$. 37

2.3 Representação utilizada para obter a cinemática do robô de tração diferencial quando o ponto de interesse para controle está a uma distância a do ponto central do eixo virtual que une as rodas de tração e formando um ângulo α com o eixo X^r. 40

2.4 Exemplo de roda omnidirecional (a roda Mecanum) e um robô que a utiliza. Fonte: [1]. 41

2.5 Esquema de uma plataforma omnidirecional com três rodas omnidirecionais. Fonte: [2]. 41

2.6 Exemplo de uma plataforma omnidirecional acionada por quatro rodas omnidirecionais. Fonte: [3]. 42

2.7 O quadrimotor *Bebop 2* e seu sistema de referência próprio, com as forças e os torques associados aos seus motores, além dos comandos que ele recebe. Fonte: adaptada de [4]. 44

2.8 Eixos dos sistemas de coordenadas global e do veículo, na condição de voo quase pairado, ou seja, com $\theta = 0$ e $\phi = 0$. Os pequenos círculos negros correspondem à ponta da seta dos eixos Z^r e Z^w, cujo sentido é saindo do papel. 45

3.1 Formação contendo um robô uniciclo líder e dois outros robôs uniciclo cujas trajetórias são definidas pelo robô líder. . . . 51

3.2 Formação líder-seguidor contendo três robôs, sendo que o primeiro seguidor serve como líder para o segundo seguidor, além de atuar como seguidor do primeiro líder. 52

3.3 Posições iniciais e finais dos dois robôs, assim como os caminhos por eles percorridos, considerando um robô líder e um robô seguidor, ambos do tipo uniciclo, numa tarefa de posicionamento do líder. 54
3.4 Variáveis de formação correspondentes ao exemplo ilustrado na Figura 3.3. 55
3.5 Posições iniciais e finais dos dois robôs, assim como os caminhos por eles percorridos, considerando um robô líder e um robô seguidor, ambos do tipo uniciclo, numa tarefa em que o líder segue uma trajetória circular de raio 5 m centrada em (8 m, 0 m). 56
3.6 Variáveis de formação correspondentes ao exemplo ilustrado na Figura 3.5. 57
3.7 Arena para realização de experimentos em ambientes interiores, baseada no sistema de captura de movimento *OptiTrack* (adaptada de [5]). 58
3.8 Vistas tridimensional e XY dos percursos dos robôs líder e seguidor, ambos do tipo quadrimotor, numa tarefa em que o líder realiza um posicionamento. 58
3.9 Posição do líder e caracterização da formação correspondentes ao exemplo ilustrado na Figura 3.8. 59
3.10 Formação líder-seguidor com um líder terrestre, tipo uniciclo, e um seguidor aéreo, tipo quadrimotor (adaptada de [6]). . . 61
3.11 Caminhos percorridos pelos robôs líder e seguidor, correspondentes a um experimento em ambiente interior, usando um robô líder do tipo uniciclo e um robô seguidor do tipo quadrimotor, numa tarefa em que o líder segue um caminho em forma de oito. 63
3.12 Variáveis características da formação, correspondentes ao exemplo ilustrado na Figura 3.11. 64

3.13 Caminhos percorridos pelos robôs líder e seguidor, correspondentes a um experimento em ambiente interior, usando um robô líder do tipo uniciclo e um robô seguidor do tipo quadrimotor, numa tarefa em que o líder busca uma posição desejada. 65

3.14 Variáveis características da formação, correspondentes ao exemplo ilustrado na Figura 3.13. 65

3.15 Formação líder-seguidor com um líder e dois seguidores, todos robôs terrestres omnidirecionais. 66

3.16 Resultados simulados para uma formação envolvendo um líder e dois seguidores omnidirecionais. São mostradas as posições iniciais e finais dos três robôs, além do percurso do líder e as trajetórias por ele geradas para os dois seguidores, bem como os percursos reais desses seguidores. 68

3.17 Variáveis que descrevem a formação, referentes à Figura 3.16. 68

4.1 Exemplos de estruturas virtuais correspondentes a dois e três robôs a rodas omnidirecionais. A primeira parte da figura é a mesma Figura 1.2, aqui repetida por conveniência. 71

4.2 Estrutura de controle para o caso de uma estrutura virtual formada por N robôs. 73

4.3 Percursos dos robôs para a simulação de um posicionamento de uma estrutura virtual composta por dois robôs uniciclo. . 79

4.4 Variáveis de formação para a simulação correspondente à Figura 4.3. 79

4.5 Estrutura virtual considerando uma formação de dois quadrimotores. As variáveis da formação correspondem ao vetor $\mathbf{q} = \begin{bmatrix} x_f & y_f & z_f & \rho_f & \alpha_f & \beta_f \end{bmatrix}^T$, enquanto as variáveis dos robôs correspondem ao vetor $\mathbf{x} = \begin{bmatrix} x_1 & y_1 & z_1 & x_2 & y_2 & z_2 \end{bmatrix}^T$. 80

4.6 Navegação de uma formação de dois quadrimotores rastreando uma trajetória circular. Trajetória desejada, posições iniciais e percursos dos dois quadrimotores. 82

4.7 Evolução das variáveis da formação para o caso da simulação correspondente à Figura 4.6. 82

4.8 Navegação de uma formação de três robôs uniciclo, ou seja, uma formação triangular, buscando uma posição de destino e uma forma e orientação desejadas. 84

4.9 Evolução das variáveis da formação para o caso da simulação correspondente à Figura 4.8. 84

4.10 Caracterização da estrutura virtual formada por um robô uniciclo *Pioneer 3-DX* e um quadrimotor *Bebop 2*, destacando as variáveis envolvidas. 85

4.11 Figura ilustrativa da tarefa de seguimento de um caminho $c(s)$ por um robô uniciclo, quando sua posição inicial não coincide com o caminho. 88

4.12 Percursos do *Pioneer 3-DX* e do *Bebop 2* para o caso do seguimento de caminho pela formação constituída por eles. . 91

4.13 Erros nas variáveis de posição da formação para o exemplo caracterizado na Figura 4.12. 91

4.14 Erros nas variáveis de forma da formação para o exemplo caracterizado na Figura 4.12. 92

4.15 Trajetória desejada e percursos dos dois robôs omnidirecionais utilizados em uma formação controlada, usando a estratégia da estrutura virtual. 93

4.16 Evolução das variáveis da formação para o caso da simulação correspondente à Figura 4.15. 94

5.1 Diagrama de blocos correspondente ao mapeamento das variações temporais da formação para as velocidades dos robôs, usando a abordagem de estrutura virtual com controle comportamental baseado em espaço nulo, considerando três subtarefas, com prioridades decrescentes para a sequência 1, 2, 3 das subtarefas. 98
5.2 Percursos dos dois robôs, considerando uma formação de dois robôs omnidirecionais, nos casos de prioridade para manter a forma e para mover a formação, respectivamente. As linhas descontínuas representam configurações intermediárias da formação ao longo da navegação. 102
5.3 Evolução das variáveis da formação para os mesmos casos da Figura 5.2. 103
5.4 Velocidades dos dois robôs para os mesmos casos da Figura 5.2. 104
5.5 Percursos correspondentes à simulação do seguimento de trajetória em forma de oito por dois robôs omnidirecionais, com desvio de obstáculo usando a técnica de espaço nulo. 108
5.6 Evolução das variáveis da formação correspondentes ao exemplo da Figura 5.5. 109
5.7 Diagrama de blocos correspondente ao sistema de controle com desvio de obstáculos implementado. 111
5.8 Percursos dos robôs da formação, com desvio de dois obstáculos, numa tarefa de posicionamento da formação. São mostradas as posições iniciais e finais dos dois robôs, assim como as posições dos dois obstáculos. 112

Capítulo 1

Introdução

Um sistema de múltiplos robôs (SMR), também conhecido como sistema multirrobôs, é um grupo de vários robôs, homogêneo, quando todos os robôs do grupo têm a mesma cinemática, ou heterogêneo, caso contrário, trabalhando de forma cooperativa para o cumprimento de uma dada tarefa [7]. Recentemente, seu uso tem se tornado comum em várias aplicações, uma vez que, em muitos casos, é mais eficiente e/ou mais barato utilizar-se um grupo de robôs, normalmente de menor custo, ao invés de um só robô capaz de realizar a mesma tarefa, que pode ser bem mais caro que um grupo de robôs mais simples. A própria natureza da tarefa a ser realizada pode demandar utilizar mais robôs. Esse é o caso, por exemplo, da busca por sobreviventes em meio a escombros, uma vez que vários robôs permitem inspecionar uma área maior em menor tempo, sendo tempo um fator primordial para garantir a sobrevivência das pessoas afetadas. Outro caso claro é a detecção e desarmamento de minas terrestres. No decorrer da busca, pode ocorrer a explosão de alguma mina, e a destruição do robô que faz a detecção das minas. Caso se esteja utilizando um único robô e ele exploda, então a tarefa fica prejudicada. Se for utilizado um grupo de robôs, porém, a eventual perda de um deles não impede, a princípio, a continuidade da tarefa. Outros casos claros são transporte de cargas, em que o formato e/ou peso da carga podem demandar mais robôs para transportá-la, como é o caso em [8].

Qualquer que seja a razão para utilizar um SMR, um fator primordial é que os robôs membros do grupo, os agentes, têm que atuar de forma cooperativa para que a tarefa seja cumprida como esperado. Assim, uma palavra chave associada a um SMR é coordenação. Em outras palavras, a atuação dos robôs componentes do grupo deve ser coordenada, de forma que quando se projeta um sistema de controle para um SMR, deve-se projetar um sistema de controle que assegure a coordenação de todos os robôs do grupo, e não um sistema de controle que atue isoladamente sobre cada agente do grupo.

Esse é o contexto considerado ao longo deste livro, em que serão mostrados diversos projetos de controladores para SMR homogêneos e heterogêneos.

1.1 Paradigmas de controle para SMR

No contexto de controle coordenado de um grupo de robôs, três paradigmas principais podem ser adotados para controlar um grupo de robôs, a saber: estrutura líder-seguidor [9, 10, 11], estrutura virtual [12, 13, 6, 14] e controle baseado em comportamentos [15, 16, 17, 18].

1.1.1 Estrutura/formação líder-seguidor

Uma estrutura líder-seguidor corresponde à uma formação, ou um SMR, composto de dois robôs, um deles atuando como seguidor de um outro robô, o líder da formação, replicando seu movimento [9, 11]. Isso significa que o robô líder tem um sistema de controle próprio, para que ele se posicione num ponto desejado do plano, se ele for um veículo terrestre não tripulado (VTNT), ou do espaço, se se tratar de um veículo aéreo não tripulado

(VANT), enquanto o robô seguidor tem um segundo sistema de controle, para o qual as referências de posição e velocidade são dadas pela posição e velocidade do robô líder. Em outras palavras, o robô seguidor sempre será controlado para seguir uma trajetória, a qual será definida pelo robô líder, preservando uma distância relativa entre eles, no plano ou no espaço [11]. Embora a expressão líder-seguidor se aplique muito claramente a um grupo de dois robôs, a estrutura líder-seguidor pode ser ampliada para conter vários seguidores para o mesmo líder, caso este em que a estrutura se assemelha ao gráfico da esquerda da Figura 1.1, ou então fazendo com que o seguidor do primeiro líder seja um líder para outro seguidor, gerando uma estrutura semelhante à uma corrente, como ilustrado na parte direita da mesma figura.

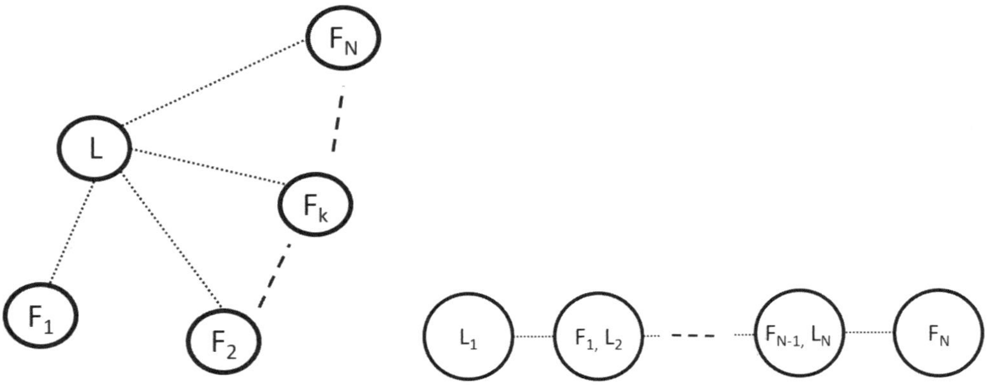

(a) Um líder e seus seguidores (b) Vários líderes e seus seguidores

Figura 1.1 – Duas formas de estrutura líder-seguidor, considerando um grupo de $N+1$ robôs. A estrutura da esquerda contém um só líder e vários seguidores, enquanto naquela da direita os seguidores são também líderes de outros robôs, formando uma estrutura em cascata.

Entretanto, como o seguidor (ou os seguidores) replicam o movimento do líder, caso o líder venha a sofrer uma falha, e assim parar, toda a formação para seu movimento, o que impede a continuidade da tarefa. Sem dúvida alguma isto é uma grave limitação da formação líder-seguidor. Uma forma de resolver esse problema da continuidade da tarefa, quando há vários agentes no grupo, é reconfigurar a formação, estabelecendo um novo líder, como é feito em [19], por exemplo.

1.1.2 Estrutura virtual

Referindo-se à estrutura virtual, toda a formação ou grupo de robôs é considerada como um único agente, tratado como um robô virtual, portanto, sem massa/inércia, e daí sem nenhum problema associado à sua dinâmica [6, 14]. Seja como exemplo um sistema formado por dois robôs terrestres, como ilustrado na Figura 1.2. Nesse caso, a estrutura virtual a ser considerada é a reta que une os dois robôs. Tal estrutura virtual pode ser descrita por intermédio das coordenadas de um ponto qualquer da mesma, sua inclinação e seu comprimento, que são as chamadas variáveis da formação (a posição $(x_F,\ y_F)$ do ponto de referência no plano X^wY^w do sistema de coordenadas global, o ângulo α_F que tal reta faz com o eixo X^w e o comprimento ρ_F de tal reta). O movimento de tal estrutura virtual gera referências de movimento para os dois robôs, cujo movimento altera a configuração da formação, ou seja, do SMR. Dessa forma, o controle também considera o conjunto de variáveis $(x_1,\ y_1)$ e $(x_2,\ y_2)$ correspondente às posições dos dois robôs da formação, denominadas variáveis dos robôs, que se alteram com o movimento dos mesmos, trazendo, como consequência, a modificação das variáveis da formação. Nota-se, porém, que a estrutura virtual não necessariamente é uma reta no plano. Para dois veículos aéreos, por exemplo, ela corresponde a uma reta no espaço cartesiano, agora descrita por seis variáveis, a saber: a posição $(x_F,\ y_F,\ z_F)$ de um ponto de referência, dois ângulos, α_F e β_F, e o comprimento da reta ρ_F, sendo que as variáveis dos robôs também serão seis, nesse caso, a saber: as posições $(x_1,\ y_1,\ z_1)$ e $(x_2,\ y_2,\ z_2)$ dos dois veículos no espaço cartesiano.

Outras estruturas podem ser consideradas, como um triângulo num plano [14, 20] ou um triângulo no espaço cartesiano [16], por exemplo. Em

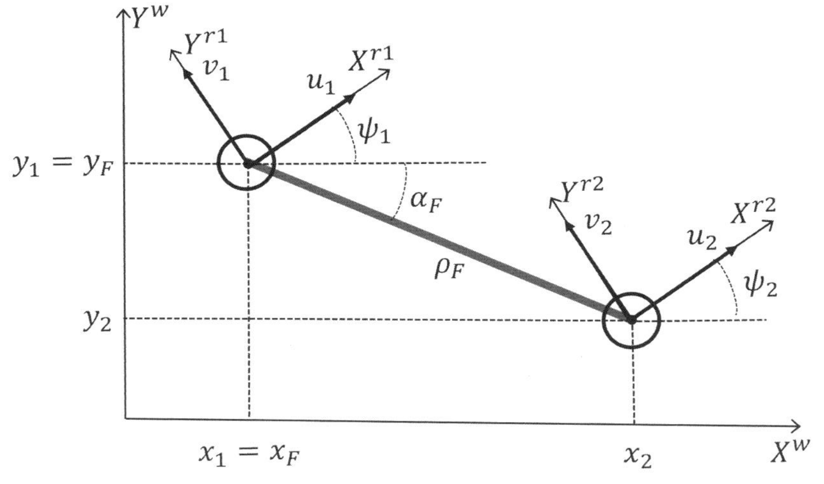

Figura 1.2 – Exemplo de uma estrutura virtual, formada por dois robôs terrestres. A estrutura virtual é o segmento de reta em cor vermelha, sendo as variáveis da formação e as variáveis dos robôs também indicadas. O ponto tomado como referência para descrever a estrutura virtual, como se vê, coincide com o robô número 1.

suma, a estrutura virtual corresponde, em geral, a uma figura geométrica bem definida, em que os robôs da formação ocupam os vértices do polígono correspondente, ou as extremidades, no caso particular de SMR compostos por dois veículos.

Consequentemente, o paradigma de controle baseado em estrutura virtual considera dois conjuntos de variáveis, as variáveis da formação e as variáveis dos robôs, caracterizando-se, assim, dois espaços de trabalho, o espaço da formação e o espaço dos robôs [18, 14]. As relações de transformação/mapeamento de um de tais espaços para o outro podem ser obtidas pela análise da geometria correspondente à estrutura virtual, por exemplo, em [13, 6, 14, 16].

Uma vantagem desse paradigma em relação ao de líder-seguidor é que não há mais um líder que determina como o seguidor ou os seguidores devem se mover e cuja parada causa a parada de todo o SMR.

Caso haja a perda de um robô da formação, simplesmente se pode redefinir a estrutura virtual e prosseguir com a tarefa.

1.1.3 Paradigma de controle baseado em comportamentos

O paradigma de controle baseado em comportamentos se baseia na decomposição da tarefa em várias subtarefas, que se caracterizam como comportamentos. A partir daí, se utilizam técnicas que permitam integrar os comportamentos, gerando o sinal de controle final a ser enviado para os robôs da formação. Exemplos de comportamentos, nesse contexto, são: desviar de obstáculos, manter a formação especificada e mover a formação conforme a tarefa sendo executada (posicionamento, seguimento de caminho ou seguimento de trajetória) etc.

Uma forma analítica de integrar tais comportamentos para gerar o sinal de controle adequado é usar a técnica de controle comportamental baseado em espaço nulo [15, 21], que corresponde a gerar o sinal de controle a ser enviado a cada robô da formação a partir de uma integração dos sinais parciais correspondentes à cada subtarefa (cada comportamento) com base num sequenciamento das subtarefas, conforme uma lista de prioridades predefinida, em que uma subtarefa de prioridade mais baixa é projetada no espaço nulo da matriz jacobiana que descreve a cinemática associada à subtarefa de prioridade imediatamente acima [22]. Embora esta não seja a única forma de integrar os diversos comportamentos em uma estrutura de controle, é uma forma bastante utilizada, inclusive por ter a estabilidade provada com base na teoria de Lyapunov [21]. Como exemplo de utilização de tal técnica, pode-se citar o trabalho em [16], em que uma formação contendo três robôs aéreos é controlada, considerando duas subtarefas, que são mover o centro de gravidade do triângulo correspondente à formação e manter sua forma e orientação.

1.2 Conteúdo subsequente do texto

O restante do livro inclui os seguintes capítulos:

1. Capítulo 2, que traz os modelos cinemáticos dos robôs terrestres (especificamente robôs a rodas do tipo tração diferencial e omnidirecional) e aéreos (especificamente veículos tipo helicóptero, em particular quadrimotores), utilizados nos capítulos subsequentes;

2. Capítulo 3, que trata, especificamente, do controle de formações do tipo líder-seguidor;

3. Capítulo 4, que trata, especificamente, de controle de formações baseado em estruturas virtuais;

4. Capítulo 5, que trata, especificamente, do controle de formações com múltiplos objetivos, utilizando o controle comportamental baseado em espaço nulo;

5. Capítulo 6, em que algumas conclusões tiradas dos desenvolvimentos tratados nos capítulos anteriores são destacadas.

Ainda sobre o conteúdo subsequente do texto, é importante destacar que somente controladores baseados em cinemática serão discutidos nos capítulos subsequentes. Isso quer dizer que os robôs serão tratados como pontos sem massa/inércia e, por isso, os controladores apresentados nos capítulos subsequentes não considerarão as acelerações finitas (lineares e angulares) dos veículos. Em outras palavras, assume-se que os veículos são capazes de apresentar a velocidade comandada instantaneamente, ou seja, são veículos com capacidade de aceleração infinita. Em algumas situações específicas, porém, é interessante usar um compensador dinâmico para reduzir o erro de seguimento de velocidade, contribuindo, dessa forma, para reduzir o erro de posição correspondente à formação. Em tais casos, o compensador dinâmico será aquele proposto em [23], quando se tratar de robôs terrestres tipo uniciclo, ou em [17], quando se tratar de robôs aéreos/*drones*.

1.3 O controlador de cinemática inversa

A técnica de controle que será utilizada no restante do texto, é a técnica de cinemática inversa [24, 25, 26, 27], a qual consiste, genericamente falando, em projetar um controlador não linear que compensa a cinemática não linear do veículo, substituindo-a por uma cinemática linear. Consequentemente, a equação característica do sistema que mostra a evolução no tempo do erro de posição, quando a malha é fechada usando tal controlador, torna-se uma equação diferencial ordinária linear e homogênea, para a qual a solução é um erro que tende exponencialmente a zero, desde que os ganhos do controlador sejam positivos e não nulos.

1.3.1 Seguimento de trajetória

De uma forma geral, considerando $\mathbf{x}(t) = (x(t),\ y(t))$ como a posição instantânea do veículo, o qual se move com a velocidade $\dot{\mathbf{x}}(t) = (\dot{x}(t),\ \dot{y}(t))$, e considerando $\mathbf{x}_d(t) = (x_d(t),\ y_d(t))$ como a posição instantânea desejada do veículo, a qual se move com a velocidade $\dot{\mathbf{x}}_d(t) = (\dot{x}_d(t),\ \dot{y}_d(t))$, e sabendo que o erro de posição instantâneo é $\tilde{\mathbf{x}} = \mathbf{x}_d - \mathbf{x}$, a lei de controle baseada em cinemática inversa, para este caso, que é o que se caracteriza como um seguimento de trajetória, pode ser escrita como

$$\mathbf{v}_{com} = \mathbf{A}^{-1}\{\dot{\mathbf{x}}_d + \mathbf{K}_p\tilde{\mathbf{x}}\}, \tag{1.1}$$

no qual $\mathbf{K}_p$ é uma matriz diagonal positiva definida, $\mathbf{A}$ é a matriz de cinemática direta do veículo e $\mathbf{v}_{com}$ é o vetor de velocidades comandadas.

Supondo um seguimento perfeito de velocidade, ou seja, $\mathbf{v}_{real} = \mathbf{v}_{com}$, e usando o modelo cinemático do veículo, obtém-se que

$$\dot{\mathbf{x}} = \mathbf{A}\mathbf{v}_{real} = \mathbf{A}\mathbf{v}_{com} = \mathbf{A}\mathbf{A}^{-1}\{\dot{\mathbf{x}}_d + \mathbf{K}_p\tilde{\mathbf{x}}\} = \dot{\mathbf{x}}_d + \mathbf{K}_p\tilde{\mathbf{x}}, \tag{1.2}$$

donde se obtém, passando $\dot{\mathbf{x}}$ para o lado direito da igualdade,

$$\dot{\mathbf{x}}_d - \dot{\mathbf{x}} + \mathbf{K}_p\tilde{\mathbf{x}} = \mathbf{0},$$

o que resulta em

$$\dot{\tilde{\mathbf{x}}} + \mathbf{K}_p\tilde{\mathbf{x}} = \mathbf{0}. \tag{1.3}$$

Para provar a estabilidade assintótica do sistema de malha fechada, utilizando o controlador na Equação (1.1), seja a função candidata de Lyapunov

$$V(\tilde{\mathbf{x}}) = \frac{1}{2}\tilde{\mathbf{x}}^T\tilde{\mathbf{x}} > \mathbf{0}, \forall\ \tilde{\mathbf{x}} \neq \mathbf{0}, \tag{1.4}$$

para a qual a primeira derivada é

$$\dot{V}(\tilde{\mathbf{x}}) = \tilde{\mathbf{x}}^T\dot{\tilde{\mathbf{x}}}.$$

Tendo em conta a Equação (1.3), resulta que

$$\dot{V}(\tilde{\mathbf{x}}) = \tilde{\mathbf{x}}^T(-\mathbf{K}_p\tilde{\mathbf{x}}) = -\tilde{\mathbf{x}}^T\mathbf{K}_p\tilde{\mathbf{x}} < \mathbf{0},$$

uma vez que $\mathbf{K}_p$ é uma matriz positiva definida, provando que o erro $\tilde{\mathbf{x}} \to \mathbf{0}$ quando $t \to \infty$, ou seja, que o erro de posição do robô em relação à trajetória sendo seguida tende assintoticamente para zero.

Da forma definida na Equação (1.1), porém, grandes erros de posição podem fazer com que sejam gerados sinais de controle (velocidades) muito superiores àqueles que o veículo pode desenvolver, o que significa que é conveniente saturar o sinal de controle $\mathbf{v}_{com}$. Uma maneira de se fazer isso é usando como saturador a função $tanh(.)$, que é um saturador suave, de forma que a lei de controle baseada em cinemática inversa se torna

$$\mathbf{v}_{com} = \mathbf{A}^{-1}\{\dot{\mathbf{x}}_d + \mathbf{L_s}\tanh(\mathbf{L}_s^{-1}\mathbf{K}_p\tilde{\mathbf{x}})\}, \tag{1.5}$$

em que $\mathbf{L}_s$ é também uma matriz diagonal positiva definida, que corresponde ao valor saturado da velocidade comandada quando o erro $\tilde{\mathbf{x}}$ é muito grande. Note-se, assim, que selecionando $\mathbf{L}_s$ e $\mathbf{K}_p$ adequadamente, não haverá velocidade comandada que não seja factível para o veículo utilizado. Uma característica importante da função $tanh(.)$ é que ela é um saturador suave, ou seja, que não apresenta uma comutação brusca entre o valor mínimo e o valor máximo, como seria o caso da função $sign(.)$. Sobre o comportamento do erro quando o controlador caracterizado pela Equação (1.5) é utilizado, tendo em conta que a função $tanh$ é uma função ímpar, pode-se mostrar que o erro efetivamente converge para zero, assintoticamente, quando $\mathbf{K}_p$ e $\mathbf{L}_s$ são matrizes diagonais positivas definidas.

Para isso, toma-se a mesma função candidata de Lyapunov definida pela Equação (1.4), cuja primeira derivada é a mesma. Porém, considerando que a equação de malha fechada, agora, é

$$\dot{\tilde{\mathbf{x}}} + \mathbf{L_s} \tanh\left(\mathbf{L}_s^{-1}\mathbf{K}_p\tilde{\mathbf{x}}\right) = \mathbf{0}, \tag{1.6}$$

se obtém que

$$\dot{V} = -\tilde{\mathbf{x}}^T\mathbf{L}_s \tanh(\mathbf{L}_s^{-1}\mathbf{K}_p\tilde{\mathbf{x}}) < \mathbf{0},$$

tendo em conta que $\tanh(.)$ é uma função ímpar e que $\mathbf{L}_s$ e $\mathbf{K}_p$ são matrizes diagonais positivas definidas, mostrando-se, assim, que o erro de posição do robô em relação à trajetória desejada tende assintoticamente para zero, ou seja, que o sistema em malha fechada é assintoticamente estável.

1.3.2 Posicionamento

Destaque-se que as Equações (1.1) e (1.5) se referem aos comandos de velocidade quando o veículo deve seguir uma trajetória desejada $\mathbf{x}_d$, situação em que a velocidade desejada é definida pela trajetória, ou seja, é dada por $\dot{\mathbf{x}}_d$. Entretanto, essas equações também se aplicam para o caso de uma tarefa de posicionamento, simplesmente considerando que, nesse caso, a posição desejada $\mathbf{x}_d$ é estática, ou seja, sua velocidade é $\dot{\mathbf{x}}_d = \mathbf{0}$.

Em tal caso, a lei de controle na Equação (1.1) se resumiria a

$$\mathbf{v}_{com} = \mathbf{A}^{-1}\{\mathbf{K}_p\tilde{\mathbf{x}}\}, \tag{1.7}$$

sendo $\mathbf{K}_p$ uma matriz diagonal positiva definida, $\mathbf{A}$ é a matriz de cinemática direta do veículo e $\mathbf{v}_{com}$ é o vetor de velocidades comandadas. Percebe-se, também, que a mesma análise de estabilidade pode ser feita, e a conclusão é que o sistema de malha fechada utilizando tal controlador é também assintoticamente estável.

Para o caso da lei de controle da Equação (1.5), o resultado seria

$$\mathbf{v}_{com} = \mathbf{A}^{-1}\{\mathbf{L_s}\tanh(\mathbf{L}_s^{-1}\mathbf{K}_p\tilde{\mathbf{x}})\}, \tag{1.8}$$

em que $\mathbf{L}_s$ e $\mathbf{K}_p$ são matrizes diagonais positivas definidas, $\mathbf{A}$ é a matriz de cinemática direta do veículo e $\mathbf{v}_{com}$ é o vetor de velocidades comandadas. Mais uma vez, a mesma análise de estabilidade pode ser feita, levando à conclusão de que o sistema de malha fechada assim implementado é assintoticamente estável.

1.3.3 Seguimento de caminho

As mesmas Equações (1.1) e (1.5) também podem ser utilizadas para um veículo cumprindo uma tarefa de seguimento de um caminho especificado. Nesse caso, o veículo terá uma velocidade qualquer, definida pelo usuário, mas limitada pela capacidade do veículo e pelos regulamentos vigentes, quando for o caso. Porém, tal velocidade deve ter sempre a direção tangente ao caminho sendo seguido, para que o robô não se desvie do caminho sendo percorrido [6].

Consequentemente, seja um caminho definido por $C(s) = (x(s),\ y(s))$, em que s é a chamada abcissa curvilínea. Nesse caso, a velocidade do robô ao longo do caminho deve ser tal que sua intensidade é o valor arbitrário V_d, e sua direção será dada por

$$\theta = \text{arctg}\left(\frac{\frac{dy}{ds}}{\frac{dx}{ds}}\right), \tag{1.9}$$

para cada ponto do caminho. Nesse caso, a lei de controle na Equação (1.5) seria alterada para

$$\mathbf{v}_{com} = \mathbf{A}^{-1}\{\begin{bmatrix} V_d \cos\theta & V_d \operatorname{sen}\theta \end{bmatrix}^T + \mathbf{L_s} \tanh(\mathbf{L}_s^{-1}\mathbf{K}_p\tilde{\mathbf{x}})\}, \tag{1.10}$$

na qual, novamente, as matrizes $\mathbf{L}_s$ e $\mathbf{K}_p$ são matrizes diagonais positivas definidas e $\mathbf{A}$ é a matriz de cinemática direta do robô. Um detalhe importante é que quando o veículo está longe do caminho a ser seguido se pode adotar $V_d = 0$, e deixar o robô se posicionar num ponto do caminho, que pode ser o ponto mais próximo dele, como em [6], para seguir o caminho a partir de tal ponto. Isto, porém, não é mandatório, ou seja, pode-se simplesmente utilizar $V_d \neq 0$ mesmo quando o robô está fora do caminho.

Consequentemente, o controlador baseado em cinemática inversa é bastante genérico e, por isso, é aqui utilizado. Para concluir este capítulo, a Figura 1.3 ilustra, na forma de diagrama de blocos, o controlador baseado em cinemática inversa para o caso de um seguimento de trajetória e utilizando a lei de controle na Equação (1.5).

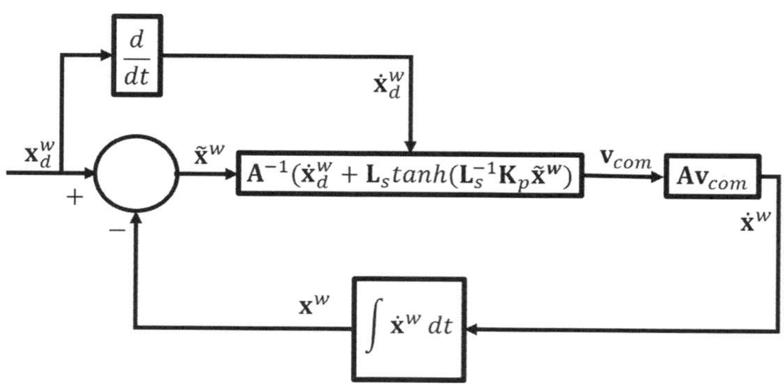

Figura 1.3 – Diagrama de blocos correspondente ao controlador de cinemática inversa para o caso de seguimento de trajetória, quando se usa o saturador $tanh(.)$. O super índice w se refere a coordenadas globais. Note-se que o bloco mais à direita corresponde ao modelo cinemático do robô e, numa situação real, seria substituído pelo robô.

Capítulo 2

Cinemática dos robôs móveis utilizados

A cinemática dos robôs móveis utilizados neste texto será tratada neste capítulo. Primeiramente, são considerados os robôs móveis a rodas, dos tipos uniciclo (tração diferencial) e omnidirecional. Na sequência, são discutidos os robôs móveis aéreos do tipo quadrimotor (os populares *drones*).

A cinemática de tais robôs consiste na representação das velocidades dos veículos no sistema de coordenadas global. Cada robô conta com um sistema de coordenadas próprio, cuja origem fica no seu centro de gravidade (embora possa ser deslocada para outro ponto qualquer), comumente chamado de sistemas de coordenadas local ou sistema de coordenadas do corpo. Entretanto, para efeito de localização do robô no mundo, é preciso utilizar um sistema de coordenadas chamado de global, que é utilizado para caracterizar a pose (posição mais orientação) do veículo no mundo. Por exemplo, se quisermos que um robô a rodas trilhe um caminho pré-definido no mundo, esse caminho é caracterizado em coordenadas globais. Porém, as velocidades do veículo correspondem a valores definidos nas coordenadas do veículo, de forma que precisamos saber como a velocidade do veículo é mapeada no sistema global de coordenadas.

2.1 Robôs móveis a rodas de tração diferencial

O robô móvel a rodas de tração diferencial é o modelo mais comum de robôs a rodas, e se caracteriza por possuir duas rodas que são independentemente acionadas e podem girar independentemente, no sentido horário e também no sentido anti-horário, de forma que o veículo pode mover-se para a frente ou para trás, o que é feito pela eletrônica de acionamento dos motores das rodas. Um exemplo típico é o robô *Pioneer 3-DX* da extinta empresa *Adept Mobile Robotics*, o qual é mostrado na parte (a) da Figura 2.1. Além das duas rodas de tração independentes, ele possui uma roda castor em sua parte traseira, totalmente livre, usada apenas para equilibrar a plataforma na posição horizontal. Um outro exemplo é o robô *Pioneer 3-AT*, mostrado na parte (b) da mesma figura, da mesma empresa, que se diferencia do *Pioneer 3-DX* por possuir quatro rodas, duas em cada lado. Porém, as duas rodas do mesmo lado são acionadas por um só motor, de forma que a operação dos dois veículos é similar, com a diferença que o modelo AT se adapta melhor a terrenos irregulares, objetivo de sua concepção.

(a) Pioneer 3-DX (b) Pioneer 3-AT

Figura 2.1 – Robôs móveis a rodas de tração diferencial da família *Pioneer 3*, da empresa *Adept Mobile Robots*.

Conforme mostra a Figura 2.2, os robôs de tração diferencial possuem seus eixos próprios X^r e Y^r como ali definidos, enquanto o eixo Z^r é normal à figura, saindo do papel (regra da mão direita, com o eixo Z^r apontando para cima). Portanto, poderíamos ter velocidades lineares u e v, respectivamente, nos eixos X^r e Y^r, e velocidade angular ω, para giro ao redor do eixo Z^r. Entretanto, dada sua característica de serem veículos de tração diferencial, ou seja, cuja locomoção é definida pela diferença entre as velocidades de giro das duas rodas de tração, os robôs assim estruturados têm velocidade v, no sentido do seu eixo Y^r, nula, razão pela qual são chamados robôs não holonômicos. Consequentemente, seu movimento no plano X^wY^w, do sistema de coordenadas globais, é dado pela composição das velocidades u e ω. Portanto, sua posição no plano X^wY^w é dada pelas coordenadas do ponto P, e sua orientação é dada pelo ângulo formado pelos eixos X^r e X^w.

Portanto, suas velocidades ao longo dos eixos X^w e Y^w, assim como sua

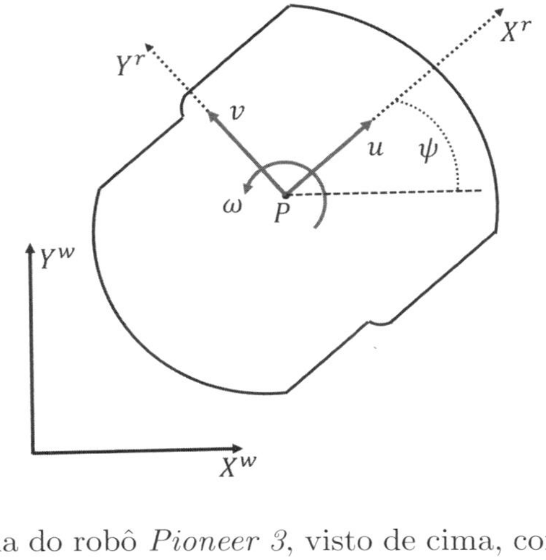

Figura 2.2 – Esquema do robô *Pioneer 3*, visto de cima, com seus eixos próprios, os eixos do sistema de coordenadas globais, as velocidades admissíveis para tais robôs não holonômicos, sua posição e sua orientação no plano X^wY^w.

rotação ao redor do eixo Z^w são dadas por

$$\begin{aligned}\dot{x} &= u\cos(\psi) + v\cos(\psi) = u\cos(\psi) && (2.1)\\ \dot{y} &= u\,\text{sen}(\psi) + v\cos(\psi) = u\,\text{sen}(\psi) && (2.2)\\ \dot{\psi} &= \omega, && (2.3)\end{aligned}$$

já considerando que $v = 0$, por se tratar de veículo não holonômico e tendo em conta que os eixos Z^r e Z^w estão em paralelo. Escrevendo tais equações em forma matricial, se obtém

$$\dot{\mathbf{x}} = \mathbf{A}\mathbf{v}, \tag{2.4}$$

em que $\dot{\mathbf{x}} = \begin{bmatrix}\dot{x} & \dot{y} & \dot{\psi}\end{bmatrix}^T$, $\mathbf{v} = \begin{bmatrix}u & \omega\end{bmatrix}^T$, e $\mathbf{A} = \begin{bmatrix}\cos(\psi) & 0\\ \text{sen}(\psi) & 0\\ 0 & 1\end{bmatrix}$.

Essa relação entre as velocidades é o que chamamos de cinemática direta. A inversa da matriz $\mathbf{A}$, quando existe, é dada por $\mathbf{A}^{-1}$, ou seja, $\mathbf{v} = \mathbf{A}^{-1}\dot{\mathbf{x}}$. Note-se que no caso da Equação (2.4), tal inversa não existe, pois $\mathbf{A}$ é uma matriz singular.

Entretanto, mudando-se a origem do sistema de coordenadas do robô, como mostrado na Figura 2.3, pode-se reescrever a cinemática direta, considerando o novo ponto de interesse para controle como o ponto Q, que pode inclusive estar fora da plataforma robótica, desde que rigidamente acoplada a ela, para que se mova solidariamente a ela. Teremos, então, considerando a como a distância entre os pontos P e Q e α como o ângulo entre o eixo X^r do robô e a reta correspondente à distância entre P e Q, e considerando a velocidade tangencial $a\omega$ mostrada na figura,

$$\begin{aligned}\dot{x}_Q &= u\cos(\psi) + v\cos(\psi + 90) + a\omega\cos(\psi + \alpha + 90) && (2.5)\\ \dot{y}_Q &= u\,\text{sen}(\psi) + v\cos(\psi) + a\omega\cos(\alpha + \psi) && (2.6)\\ \dot{\psi} &= \omega, && (2.7)\end{aligned}$$

ou seja,

$$\dot{x}_Q = u\cos(\psi) - v\,\mathrm{sen}(\psi) - a\omega\,\mathrm{sen}(\psi+\alpha) \quad (2.8)$$

$$\dot{y}_Q = u\,\mathrm{sen}(\psi) + v\cos(\psi) - a\omega\cos(\alpha+\psi) \quad (2.9)$$

$$\dot{\psi} = \omega, \quad (2.10)$$

o que corresponde à equação matricial

$$\dot{\mathbf{x}} = \begin{bmatrix} \dot{x}_Q \\ \dot{y}_Q \\ \dot{\psi} \end{bmatrix} = \begin{bmatrix} \cos(\psi) & -\mathrm{sen}(\psi) & -a\omega\,\mathrm{sen}(\psi+\alpha) \\ \mathrm{sen}(\psi) & \cos(\psi) & -a\omega\cos(\psi+\alpha) \\ 0 & 0 & 1 \end{bmatrix} \begin{bmatrix} u \\ v \\ \omega \end{bmatrix} = \mathbf{A}_Q\mathbf{v}, \quad (2.11)$$

sendo $\mathbf{A}_Q$ a matriz de cinemática direta correspondente ao ponto de interesse para controle Q. Um detalhe importante é que o veículo não tem velocidade na direção Y^r, por ser não holonômico. Consequentemente, ao se utilizar tal modelo cinemático, chamado modelo cinemático generalizado, uma vez que vale para qualquer ponto Q, no projeto de algum controlador para tal robô, será necessário obrigar que v seja igual a zero, como será visto em capítulos posteriores.

Deve ser observado que $\mathbf{A}_Q$ tem determinante sempre igual a 1, para quaisquer valores de a e de α. Consequentemente, tal matriz é não singular e sua inversa $\mathbf{A}_Q^{-1}$ sempre existe. Um caso particular ocorre quando $a = 0$. Nesse caso, o ponto de interesse para controle é o ponto no centro do eixo virtual que une as rodas do robô, como ocorre no caso da Equação (2.1). Utilizando-se a velocidade fictícia v, porém, chega-se à uma representação em que a matriz de cinemática direta é não singular, a contrário do que ocorre com a matriz $\mathbf{A}$ mostrada na Equação (2.4). Enfatize-se, porém, a necessidade de forçar a velocidade fictícia v a ser nula.

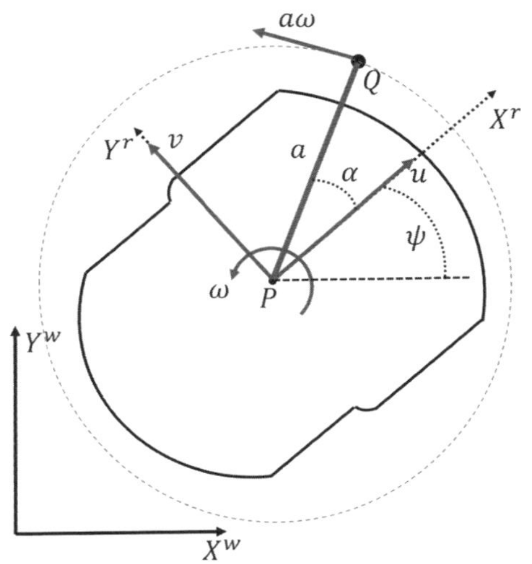

Figura 2.3 – Representação utilizada para obter a cinemática do robô de tração diferencial quando o ponto de interesse para controle está a uma distância a do ponto central do eixo virtual que une as rodas de tração e formando um ângulo α com o eixo X^r.

2.2 Robôs móveis a rodas omnidirecionais

Um robô a rodas omnidirecional é um robô que pode ter velocidade em qualquer direção, no plano X^wY^w. Isso é obtido por meio de rodas especiais, devidamente distribuídas na plataforma do veículo. Um tipo de roda muito utilizada em veículos omnidirecionais é a chamada roda *Mecanum*, também conhecida como roda sueca ou roda *Ilon*, inventada por Bengt Erland Ilon (1923–2008), enquanto trabalhava como engenheiro na empresa sueca *Mecanum AB*, patenteada nos Estados Unidos em 13 de novembro de 1972 [28]. A Figura 2.4 ilustra tal roda, assim como um robô que a utiliza [1].

Outros arranjos para plataformas omnidirecionais utilizam três ou quatro rodas chamadas rodas omnidirecionais. A Figura 2.5 ilustra o caso de um robô com três rodas omnidirecionais, as quais estão distribuídas ao redor da plataforma, cada uma a 120° da subsequente. Combinando as velocidades de giro das rodas, que podem girar no sentido horário ou no sentido anti-horário, pode-se gerar velocidades em qualquer direção do plano X^wY^w, além de girar o robô ao redor do seu eixo Z^r. Por sua vez, a Figura 2.6 ilustra um arranjo com quatro rodas omnidirecionais distribuídas ao redor de uma plataforma robótica.

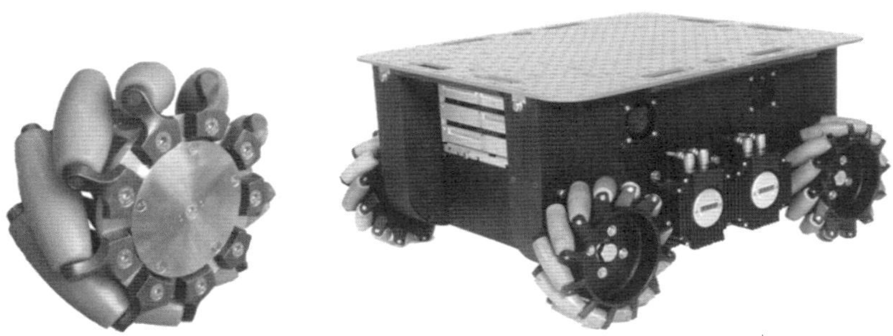

(a) Roda Mecanum (b) Robô omnidireional

Figura 2.4 – Exemplo de roda omnidirecional (a roda Mecanum) e um robô que a utiliza. Fonte: [1].

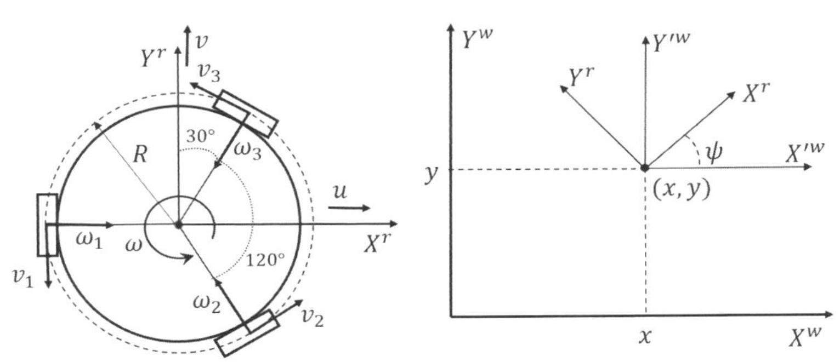

Figura 2.5 – Esquema de uma plataforma omnidirecional com três rodas omnidirecionais. Fonte: [2].

Em qualquer desses casos, o movimento do robô omnidirecional pode ser representado, em termos de cinemática, como o movimento do seu centro de gravidade com componentes de velocidade nas direções dos eixos X^r e Y^r, ou seja, a velocidade instantânea do robô é a soma vetorial de suas velocidades instantâneas nessas duas direções, conforme ilustra o esquema à direita da Figura 2.5, considerando-se que u é a componente da velocidade na direção X^r e v é a componente da velocidade na direção Y^r. Consequentemente, pode-se escrever que

$$\dot{x} = u\cos(\psi) + v\cos(\psi + 90) = u\cos(\psi) - v\,\text{sen}(\psi), \qquad (2.12)$$

$$\dot{y} = u\,\text{sen}(\psi) + v\,\text{sen}(\psi + 90) = u\,\text{sen}(\psi) + v\cos(\psi), \qquad (2.13)$$

$$\dot{\psi} = \omega, \qquad (2.14)$$

ou, em forma matricial,

$$\dot{\mathbf{x}} = \mathbf{A}_O\mathbf{v}, \qquad (2.15)$$

sendo $\dot{\mathbf{x}} = \begin{bmatrix}\dot{x} & \dot{y} & \dot{\psi}\end{bmatrix}^T$, $\mathbf{v} = \begin{bmatrix}u & v & \omega\end{bmatrix}^T$ e $\mathbf{A}_O = \begin{bmatrix}\cos\psi & -\text{sen}\psi & 0\\ \text{sen}\psi & \cos\psi & 0\\ 0 & 0 & 1\end{bmatrix}$, que é a matriz de cinemática direta correspondente ao robô omnidirecional.

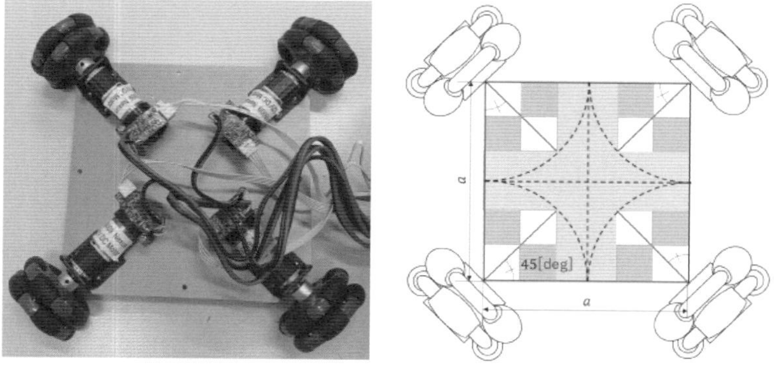

Figura 2.6 – Exemplo de uma plataforma omnidirecional acionada por quatro rodas omnidirecionais. Fonte: [3].

2.3 Robôs móveis aéreos do tipo quadrimotor

Um robô móvel aéreo do tipo quadrimotor é um VANT, da família dos veículos aéreos de asas rotativas, que são as hélices de cada motor, que possui quatro motores. Embora eles sejam popularmente conhecidos como *drones*, vale ressaltar que o termo *drone* também se aplica a veículos similares com 6 ou 8 motores, atualmente também disponíveis no mercado, assim como a veículos de asas fixas, do tipo avião, não tripulados. Entretanto, assim como no linguajar popular, neste texto os VANT do tipo quadrimotor também serão denominados *drones*.

A Figura 2.7 mostra o quadrimotor/*drone Bebop 2*, do fabricante *Parrot Drones SAS*, com seus eixos próprios, as forças e torques gerados por seus quatro motores, e os quatro comandos que ele pode receber. Também, se pode inferir seus seis graus de liberdade, que são sua posição (x, y, z) no espaço tridimensional e sua atitude, caracterizada pelos ângulos de Euler $(\theta,\ \phi,\ \psi)$ (ângulos de arfagem, rolagem e guinada, respectivamente).

Portanto, o quadrimotor é um veículo subatuado, pois possui apenas quatro comandos contra seis graus de liberdade. Daí, há acoplamento entre alguns dos graus de liberdade. De fato, para que o quadrimotor tenha velocidade em seu eixo X^r, é necessário inclina-lo para a frente, ou seja, fazer uma rotação ao redor do eixo Y^r, como mostra a figura (o comando aplicado é u_θ, que é o valor desejado para o ângulo θ). De forma similar, há um claro acoplamento entre a velocidade na direção Y^r e o ângulo de rolagem ϕ (o comando que deve ser aplicado é u_ϕ, que é o valor desejado para o ângulo ϕ). Os outros dois comandos que o quadrimotor pode receber são a velocidade desejada na direção Z^r, $u^r_{\dot{z}}$ e a velocidade de rotação ao redor do eixo Z^r, que é a velocidade de guinada (o comando aplicado é $u^r_{\dot{\psi}}$).

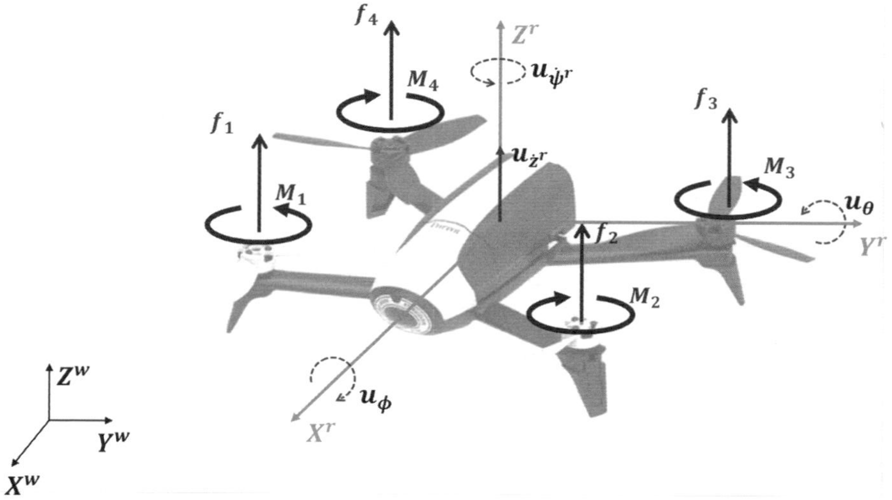

Figura 2.7 – O quadrimotor *Bebop 2* e seu sistema de referência próprio, com as forças e os torques associados aos seus motores, além dos comandos que ele recebe. Fonte: adaptada de [4].

Porém, considerando-se a presença de um piloto automático a bordo do quadrimotor, que é o caso do *Bebop 2*, pode-se limitar o valor dos ângulos de arfagem e rolagem a valores muito próximos de zero, assim como é feito em [4, 29, 30], de forma que se pode aproximar tais ângulos para zero. Claramente, isso gerará um erro de modelagem, mas simplifica bastante o sistema, e é uma situação prática bastante comum, pois corresponde a voos em baixas velocidades para a frente e para o lado. Tal simplificação é o que se chama de voo quase pairado, pois, diferentemente do voo pairado, quando não há velocidade em nenhuma direção horizontal, aqui há velocidades na horizontal. Assumindo a situação de voo quase pairado, mas com velocidades v_x e v_y, nas direções X^r e Y^r, além de velocidade v_z, na direção Z^r e de velocidade v_ψ de rotação ao redor do eixo Z^r, percebe-se que o quadrimotor não se inclina, ou seja, os eixos Z^r e Z^w permanecem em paralelo, enquanto os eixos X^r e Y^r ficam inclinados em um ângulo ψ, em relação aos eixos X^w e Y^w, respectivamente, conforme ilustra a Figura 2.8.

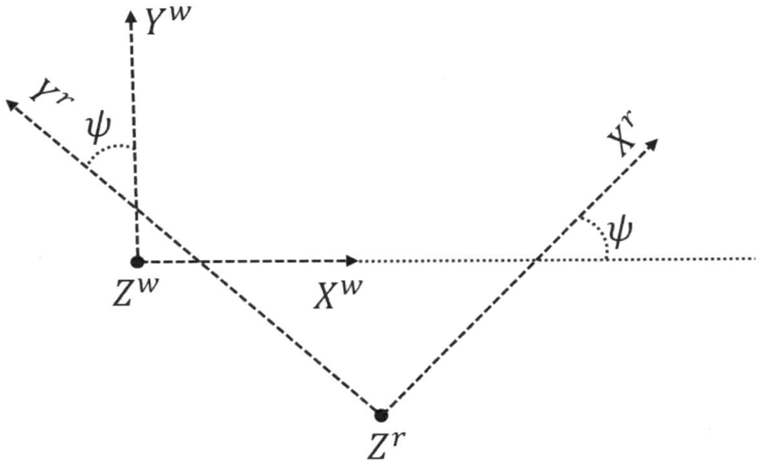

Figura 2.8 – Eixos dos sistemas de coordenadas global e do veículo, na condição de voo quase pairado, ou seja, com $\theta = 0$ e $\phi = 0$. Os pequenos círculos negros correspondem à ponta da seta dos eixos Z^r e Z^w, cujo sentido é saindo do papel.

Consequentemente, pode-se escrever que

$$\begin{aligned} \dot{x} &= v_x \cos(\psi) - v_y \operatorname{sen}(\psi), && (2.16) \\ \dot{y} &= v_x \operatorname{sen}(\psi) + v_y \cos(\psi), && (2.17) \\ \dot{z} &= v_z, && (2.18) \\ \dot{\psi} &= v_\psi, && (2.19) \end{aligned}$$

ou, em forma matricial,

$$\dot{\mathbf{x}} = \begin{bmatrix} \dot{x} \\ \dot{y} \\ \dot{z} \\ \dot{\psi} \end{bmatrix} = \begin{bmatrix} \cos(\psi) & -\operatorname{sen}(\psi) & 0 & 0 \\ \operatorname{sen}(\psi) & \cos(\psi) & 0 & 0 \\ 0 & 0 & 1 & 0 \\ 0 & 0 & 0 & 1 \end{bmatrix} \begin{bmatrix} v_x \\ v_y \\ v_z \\ v_\psi \end{bmatrix} = \mathbf{A}_B \mathbf{v}, \qquad (2.20)$$

em que $\mathbf{v}$ é o vetor de comandos, cujas componentes são as velocidades lineares nas direções X^r, Y^r e Z^r, e a velocidade angular ao redor do eixo Z^r, todas elas normalizadas para o intervalo $[-1, 1]$, e $\mathbf{A}_B$ é a matriz de cinemática direta do quadrimotor, admitindo-se que o mesmo está em voo quase pairado, como em [4], com os ângulos de arfagem e rolagem limitados em $\pm 5^\circ$.

Capítulo 3

Controle de formações líder-seguidor

Este capítulo trata, especificamente, do controle de formações baseadas no paradigma de controle líder-seguidor, com exemplos simulados e com experimentos reais, envolvendo tanto robôs a rodas quanto quadrimotores. São considerados exemplos envolvendo dois robôs a rodas omnidirecionais, em simulação, e dois quadrimotores, em um experimento real. Posteriormente, também em simulação, serão tratados exemplos em que a formação envolve mais de dois robôs.

Como mencionado na Subseção 1.1.1, o robô seguidor (ou os robôs seguidores, quando houver mais que um) sempre seguirá uma trajetória, que será definida pelo líder. Ou seja, a posição do robô líder será a posição desejada do robô seguidor, respeitando-se um afastamento entre eles, no plano ou no espaço, quando se tratar de veículos terrestres ou aéreos, respectivamente. Mais ainda, a velocidade o robô seguidor deve ser igual à do robô líder, para que o mesmo possa permanecer seguindo o líder. Portanto, haverá um controlador independente para o robô líder, que poderá estar buscando uma posição de destino desejada (tarefa de posicionamento, do inglês *positioning*), seguindo um caminho (tarefa de seguimento de caminho, do inglês *path-following*) ou rastreando uma trajetória (tarefa de rastreamento/seguimento de trajetória, do inglês *trajectory-tracking*). Note-se que qualquer que seja o movimento do robô líder, o robô seguidor sempre estará rastreando uma trajetória.

3.1 Controle de uma formação líder-seguidor com dois robôs

Quando a formação líder-seguidor tem apenas dois robôs, sua representação e seu entendimento são bastante simplificados. Assim, esse capítulo inicia considerando uma formação líder-seguidor de dois robôs; primeiramente, dois robôs terrestres, e depois, dois robôs aéreos.

Suponha-se, portanto, dois robôs a rodas, do tipo omnidirecional, um deles desempenhando o papel de líder e o outro desempenhando o papel de seguidor. Trata-se, então, de navegação no plano X^wY^w. Suponha que o líder está buscando um ponto destino qualquer $\mathbf{x}_{dl} = (x_{dl}, y_{dl})$ em tal plano, para o qual $\dot{x}_{dl} = \dot{y}_{dl} = 0$, por se tratar de uma posição fixa. Portanto, é preciso usar um controlador de posicionamento para o robô líder e um controlador de seguimento/rastreamento de trajetória, para o robô seguidor. Conforme visto na subseção 1.3.2, porém, o mesmo controlador usado para rastrear uma trajetória pode ser adaptado para ser utilizado numa tarefa de posicionamento, o que será feito aqui.

Para o robô seguidor, será usado o controlador de rastreamento de trajetória com as seguintes características: a posição do robô seguidor será dada pela posição do líder menos um valor fixo, tanto em x quanto em y, de forma que $x_{d_f} = x_l - x_f$, $y_{d_f} = y_l - y_f$, além do que $\dot{x}_{d_f} = \dot{x}_l$ e $\dot{y}_{d_f} = \dot{y}_l$ (caso a diferença de posição entre o líder e o seguidor seja variante no tempo, considerar, também, $\dot{x}_f$ e $\dot{y}_f$). Em notação matricial tem-se que

$$\mathbf{x}_{d_f} = \begin{bmatrix} x_{d_f} \\ y_{d_f} \end{bmatrix} = \begin{bmatrix} x_l \\ y_l \end{bmatrix} - \begin{bmatrix} x_f \\ y_f \end{bmatrix} = \mathbf{x}_l - \mathbf{x}_f. \quad (3.1)$$

Consequentemente, para o robô líder, a lei de controle adotada será

$$\mathbf{v}_{com} = \mathbf{A}_{Ol}^{-1}\{\mathbf{L}_{sl}\tanh[\mathbf{L}_{sl}^{-1}\mathbf{K}_{pl}\tilde{\mathbf{x}}_l]\}, \quad (3.2)$$

sendo $\tilde{\mathbf{x}}_l = \mathbf{x}_{dl} - \mathbf{x}_l$ o erro de posição corrente para o robô líder, e $\mathbf{A}_{Ol}$ a sua matriz de cinemática direta, descrita pela Equação (2.15), mas que aqui será simplificada para ser a matriz identidade 2×2, considerando que a orientação do veículo é constante, ou seja, $\omega \equiv 0$, e igual a zero, o que faz com que $\cos\psi = 1$ e $\text{sen}\psi = 0$. Por sua vez, a lei de controle para o robô seguidor, também considerando que sua orientação é constante e igual a zero, ou seja, que sua matriz de cinemática direta também é a matriz identidade 2×2, será

$$\mathbf{v}_{com} = \mathbf{A}_{Os}^{-1}\{\mathbf{L}_{ss}\tanh[\mathbf{L}_{ss}^{-1}\mathbf{K}_{ps}\tilde{\mathbf{x}}_f]\}, \quad (3.3)$$

em que $\tilde{\mathbf{x}}_f = \mathbf{x}_{df} - \mathbf{x}_f$ é o erro de posição corrente para o robô seguidor, e $\mathbf{A}_{Os}$ é a sua matriz de cinemática direta, também reduzida conforme mencionado anteriormente.

Uma observação importante é que o robô líder poderia estar seguindo um caminho ou mesmo uma trajetória, conforme caracterizado nas Subseções 1.3.1 e 1.3.3, bastando, para isso, que o controlador do robô líder seja projetado de acordo com o que se propôs em tais subseções.

Outro ponto é que poderiam ser usados robôs uniciclo, ao invés dos robôs omnidirecionais, bastando utilizar a matriz de cinemática direta correspondente, nas equações referidas anteriormente, e impor a necessária condição para assegurar a restrição não holonômica associada ao robô uniciclo, utilizando-se a matriz de cinemática direta estendida, caracterizada pela Equação (2.11). Outra possibilidade seria utilizar robôs do tipo quadrimotores, bastando, para isso, utilizar coordenadas x, y e z para caracterizar a posição e as velocidades lineares dos dois veículos, e o ângulo de guinada ψ, considerando que o veículo se move a baixas velocidades (voo quase pairado) (ver Seção 2.3). Também, nesse caso, se pode considerar que as orientações dos veículos são fixas e iguais a zero, simplificando-se, assim, a matriz de cinemática direta $\mathbf{A}_B$ dada pela Equação (2.20).

3.2 Controle de uma formação líder-seguidor com três ou mais robôs

A ideia central por debaixo do controle de uma formação líder-seguidor pode ser expandida para contemplar formações líder-seguidor com mais de dois robôs. Há duas maneiras de fazer isso, a saber, uma formação envolvendo um único líder e vários seguidores ou uma formação envolvendo vários líderes e vários seguidores.

No caso de uma formação contendo um único líder com vários seguidores, tem-se um robô líder que é a referência de trajetória para vários robôs seguidores, sendo que cada seguidor tem seu próprio controlador, utilizando-se a lei de controle na Equação (1.1) ou aquela na Equação (1.5), e sua posição relativa ao líder é convenientemente definida. A Figura 3.1 ilustra a situação de um líder e dois seguidores, considerando robôs uniciclo.

Note-se que, nesse caso, os dois seguidores rastreiam a mesma trajetória, mas com distâncias e ângulos diferentes, relativos ao líder. Ou seja, as posições relativas ao líder são diferentes para os dois seguidores. Note-se que o ponto de interesse para controle é o ponto central do eixo virtual que une as rodas, para os três robôs. Isso significa que os parâmetros a e α na Equação (2.11) e na Figura 2.3 são ambos nulos.

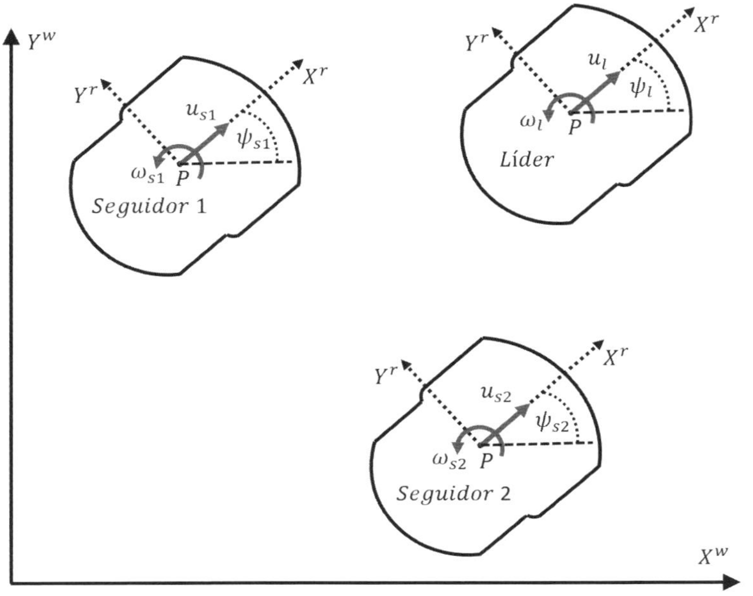

Figura 3.1 – Formação contendo um robô uniciclo líder e dois outros robôs uniciclo cujas trajetórias são definidas pelo robô líder.

Já para o caso de uma formação com vários líderes e vários seguidores, a composição se dá com um líder e seu seguidor, o qual também serve como líder para um segundo seguidor, considerando novamente três robôs. Isso significa que há um líder número 1 com seu seguidor $s1$, sendo que $s1$ também serve como líder para um segundo servidor $s2$. Isso está ilustrado na Figura 3.2, mais uma vez considerando robôs uniciclo com ponto de interesse para controle no centro do eixo virtual que une suas rodas. Nesse caso, deve-se salientar que cada seguidor rastreia uma trajetória diferente, embora relacionadas entre si, pois a trajetória do segundo seguidor tem como referência o movimento do primeiro seguidor, que é referenciado ao movimento do primeiro líder.

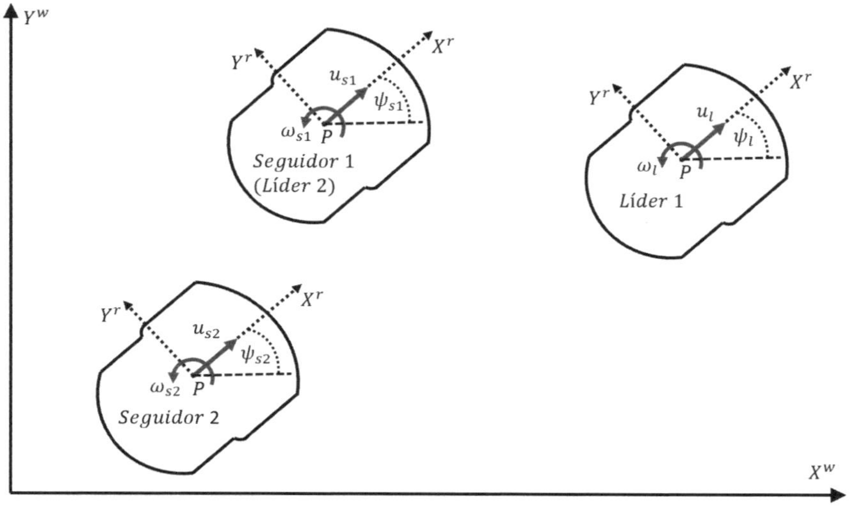

Figura 3.2 – Formação líder-seguidor contendo três robôs, sendo que o primeiro seguidor serve como líder para o segundo seguidor, além de atuar como seguidor do primeiro líder.

3.3 Exemplos de controle de formações líder-seguidor

Nesta seção, são mostrados alguns exemplos ilustrativos sobre o controle de formações líder-seguidor.

3.3.1 Exemplo 1: Posicionamento do líder

Nesse exemplo, são apresentados resultados de uma simulação utilizando dois robôs uniciclo, caracterizados conforme a Figura 2.3, com os parâmetros $a = 20\ cm$ e $\alpha = 0\ rad$. O robô líder parte da posição inicial $(6\ m,\ 1\ m)$, com orientação inicial 0 rad, e deve buscar a posição desejada $x_{dl} = 18\ m$, $y_{dl} = 15\ m$, a qual é estática, ou seja, $\dot{x}_{dl} = \dot{y}_{dl} = 0\ m/s$. Já para o seguidor, o qual seguirá a trajetória definida pelo movimento do líder, a posição inicial é ($8\ m$, $0\ m$), com orientação inicial 0 rad. Assim, para o robô líder será usada a lei de controle na Equação (1.8), enquanto para o robô seguidor a lei de controle será aquela na Equação (1.5). No caso do robô líder, são adotadas as matrizes $\mathbf{K}_{pl} = diag(4,\ 4)$ e $\mathbf{L}_{sl} = diag(1,\ 1)$, enquanto para o robô seguidor se adotaram as matrizes $\mathbf{K}_{ps} = diag(7,5,\ 7,5)$ e $\mathbf{L}_{ss} = diag(1,\ 1)$. Por fim, para se considerar que o robô líder chegou ao seu destino, sua distância ao ponto destino deverá ser inferior a um certo valor positivo e arbitrariamente pequeno, δ, tendo sido adotado o valor $\delta = 0.01\ m$. Quanto ao período de amostragem, foi considerado $T = 100\ ms$, que corresponde ao bem conhecido robô *Pioneer 3-DX*.

As Figuras 3.3 e 3.4 ilustram os resultados da simulação. A primeira delas mostra as posições iniciais e finais dos dois robôs, assim como os seus percursos, mostrando claramente que o robô seguidor replica o movimento do líder, preservando uma distância e um ângulo desejados pré-definidos (neste exemplo, $\rho_{LS} = 1\ m$ e $\alpha_{LS} = 1,0472\ rad$, ou $60°$, como claramente percebido na segunda dessas figuras).

Pode-se notar, olhando a Figura 3.4, que as variáveis representativas da formação líder-seguidor, a saber, ρ_{LS} e α_{LS}, atingem seus valores desejados após um certo tempo, e se mantêm no valor desejado todo o restante da navegação. Isso deixa claro, como se esperava, que o robô seguidor replica o movimento do robô líder, mas preservando a formação pré-estabelecida.

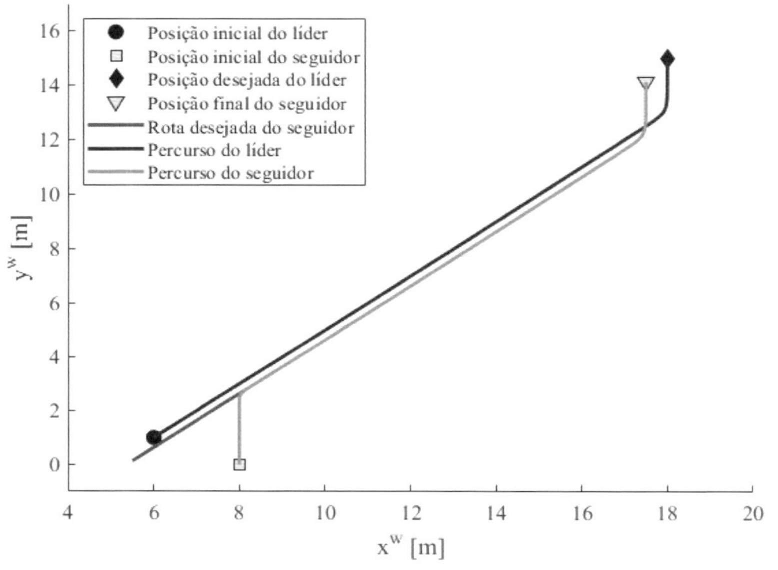

Figura 3.3 – Posições iniciais e finais dos dois robôs, assim como os caminhos por eles percorridos, considerando um robô líder e um robô seguidor, ambos do tipo uniciclo, numa tarefa de posicionamento do líder.

3.3.2 Exemplo 2: Seguimento de trajetória pelo líder

Nesse exemplo, são apresentados resultados de uma simulação utilizando dois robôs uniciclo, mais uma vez caracterizados conforme a Figura 2.3, com os parâmetros $a = 20\ cm$ e $\alpha = 0\ rad$. O robô líder parte da posição inicial $(6\ m,\ 1\ m)$, com orientação inicial $0\ rad$, e deve buscar a posição desejada $x_{dl} = [8 - 5\cos(2\pi t/60)]\ m$, $y_{dl} = [5\,\text{sen}(2\pi t/60)]\ m$, a qual se move descrevendo uma trajetória circular de raio $5\ m$, centrada em $(8\ m,\ 0\ m)$. Portanto, as velocidades da trajetória são $\dot{x}_{dl} = 10\pi/60\,\text{sen}(2\pi t/60)\ m/s$ e $\dot{y}_{dl} = 10\pi/60\cos(2\pi t/60)$. Já para o seguidor, que seguirá a trajetória definida pelo movimento do líder, a posição inicial é $(8\ m,\ 0\ m)$, com orientação inicial $0\ rad$. Assim, para ambos os robôs será usada a lei de controle na Equação (1.5), visto que ambos devem fazer um seguimento de trajetória. No caso do robô líder, são adotadas as matrizes $\mathbf{K}_{pl} = diag(4,\ 4)$ e $\mathbf{L}_{sl} = diag(1,\ 1)$, enquanto para o robô seguidor se adotaram as matri-

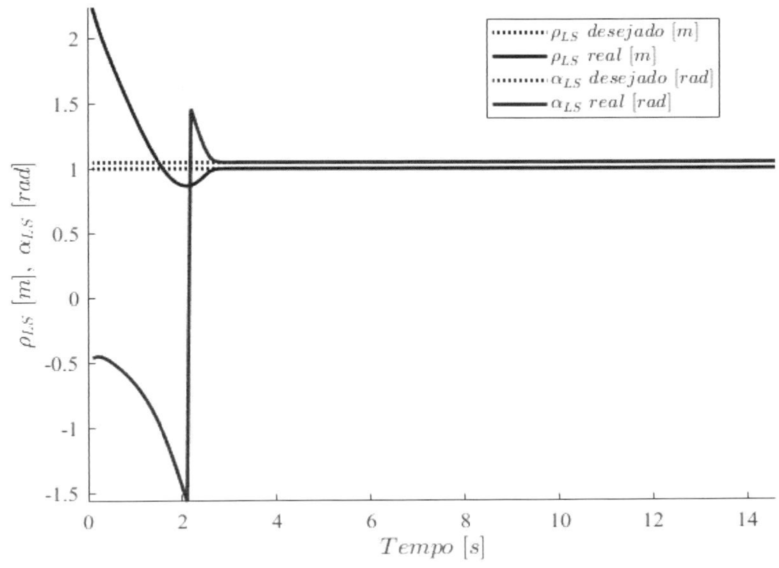

Figura 3.4 – Variáveis de formação correspondentes ao exemplo ilustrado na Figura 3.3.

zes $\mathbf{K}_{ps} = diag(7,5,\ 7,5)$ e $\mathbf{L}_{ss} = diag(1,\ 1)$. Por fim, a simulação ocorre durante 50 s, com o período de amostragem sendo, novamente, $T = 100\ ms$.

As Figuras 3.5 e 3.6 ilustram os resultados da simulação. A primeira delas mostra as posições iniciais e finais dos dois robôs, assim como os seus percursos, mostrando claramente que o robô seguidor replica o movimento do líder, preservando uma distância, ρ_{LS}, e um ângulo, α_{LS}, pré-definidos (neste exemplo, 1 m e $1,5708\ rad$, ou $90°$, como claramente percebido na Figura 3.6).

Pode-se notar, olhando a Figura 3.6, que as variáveis representativas da formação líder-seguidor, a saber, ρ_{LS} e β_{LS}, atingem seus valores desejados após um certo tempo e se mantêm no valor desejado todo o restante da navegação. Isso deixa claro, como se esperava, que o robô seguidor replica o movimento do robô líder, preservando, assim, a formação pré-estabelecida.

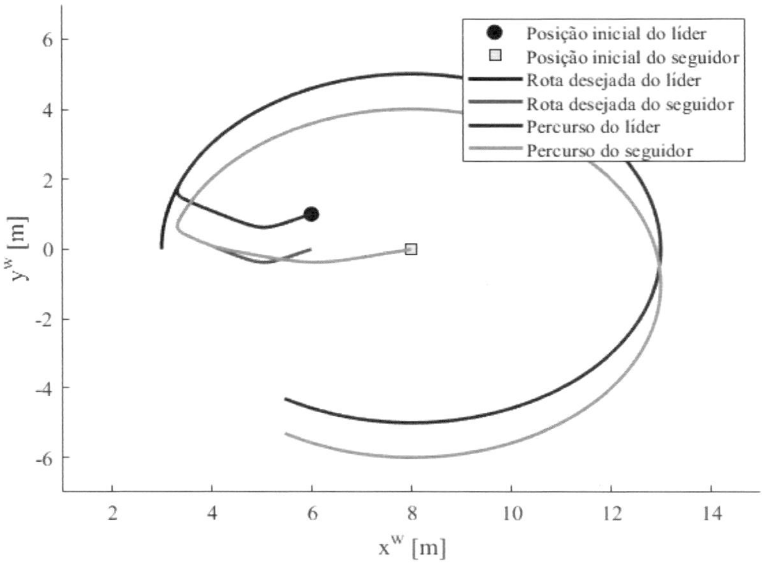

Figura 3.5 – Posições iniciais e finais dos dois robôs, assim como os caminhos por eles percorridos, considerando um robô líder e um robô seguidor, ambos do tipo uniciclo, numa tarefa em que o líder segue uma trajetória circular de raio 5 m centrada em (8 m, 0 m).

3.3.3 Exemplo 3: Experimento com dois quadrimotores *Bebop 2*

Neste exemplo, é mostrado um experimento em que são considerados dois quadrimotores *Bebop 2*, um deles atuando como líder e o outro como seguidor. Seu modelo cinemático é apresentado na Equação (2.20), tendo como base a Figura 2.8. O experimento mostra o robô líder fazendo um posicionamento, com o seguidor seguindo a trajetória correspondente ao movimento do líder. Portanto, o robô líder é controlado por um controlador, utilizando a lei de controle na Equação (1.8), enquanto o robô seguidor é controlado utilizando a lei de controle na Equação(1.5). As matrizes $\mathbf{K}_{pl}$, $\mathbf{K}_{ps}$, $\mathbf{L}_{sl}$ e $\mathbf{L}_{ss}$ correspondentes são dadas, respectivamente, por $diag(5,\ 5,\ 4)$, $diag(3,\ 3,\ 3)$, $diag(2,\ 2,\ 2)$ e $diag(2,\ 2,\ 2)$. Note-se que não se considera a orientação dos *drones*, uma vez que eles são veículos omnidi-

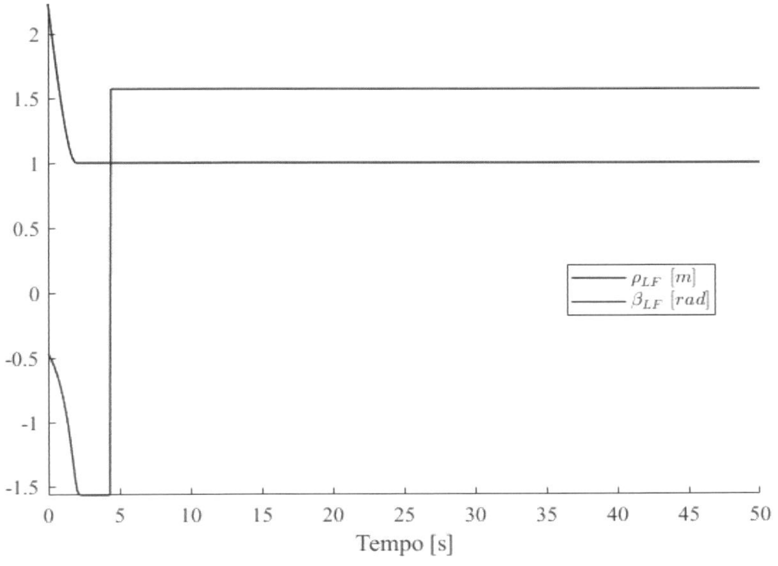

Figura 3.6 – Variáveis de formação correspondentes ao exemplo ilustrado na Figura 3.5.

recionais, e por isso tais matrizes são apenas de dimensão três, referindo-se apenas às velocidades lineares em X, Y e Z.

Outro aspecto importante a ser destacado, neste experimento, é o sistema de sensoriamento utilizado para capturar os dados de movimento (posição, orientação e velocidades) dos dois veículos. O sistema de captura de movimento *OptiTrack*[1] é utilizado numa configuração com oito câmeras, configurando a arena experimental ilustrada na Figura 3.7, com o qual os dados são capturados 180 vezes por segundo.

Por sua vez, a formação líder-seguidor, assim estabelecida, é caracterizada pela distância $\rho_{LS} = 1,5\ m$, $\alpha_{LS} = \pi/2\ rad$, e $\beta_{LS} = \pi/3\ rad$. Já o período de amostragem utilizado foi $T = 1/30\ s$, que é independente dos tempos de atualização dos dados sensoriais dos dois robôs, o que é possível porque se está utilizando um sistema sensorial externo para obtenção dos dados.

[1]Ver `https://optitrack.com/applications/robotics/`.

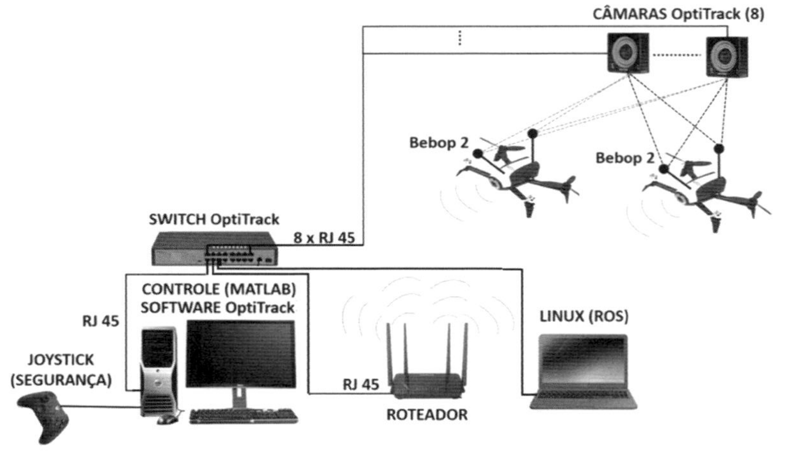

Figura 3.7 – Arena para realização de experimentos em ambientes interiores, baseada no sistema de captura de movimento *OptiTrack* (adaptada de [5]).

As Figuras 3.8 e 3.9 sintetizam os resultados do experimento. A primeira delas mostra uma vista tridimensional e uma vista X^wY^w dos percursos dos dois quadrimotores, enquanto a segunda mostra as variáveis que descrevem

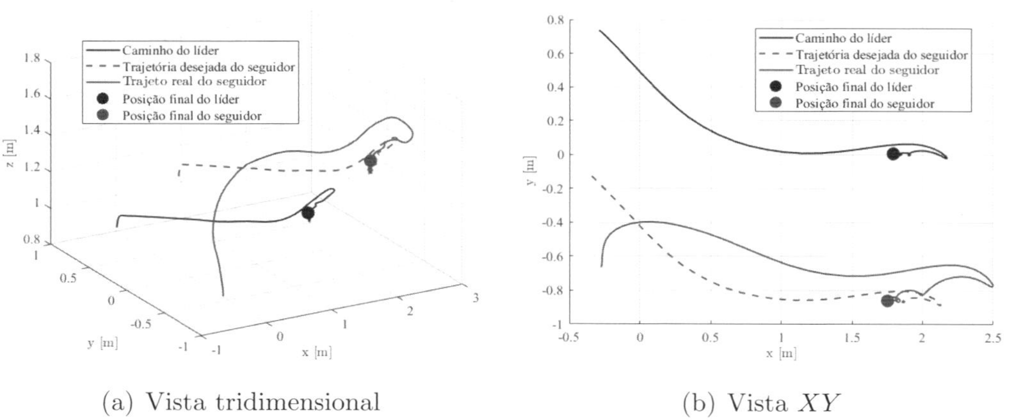

(a) Vista tridimensional (b) Vista XY

Figura 3.8 – Vistas tridimensional e XY dos percursos dos robôs líder e seguidor, ambos do tipo quadrimotor, numa tarefa em que o líder realiza um posicionamento.

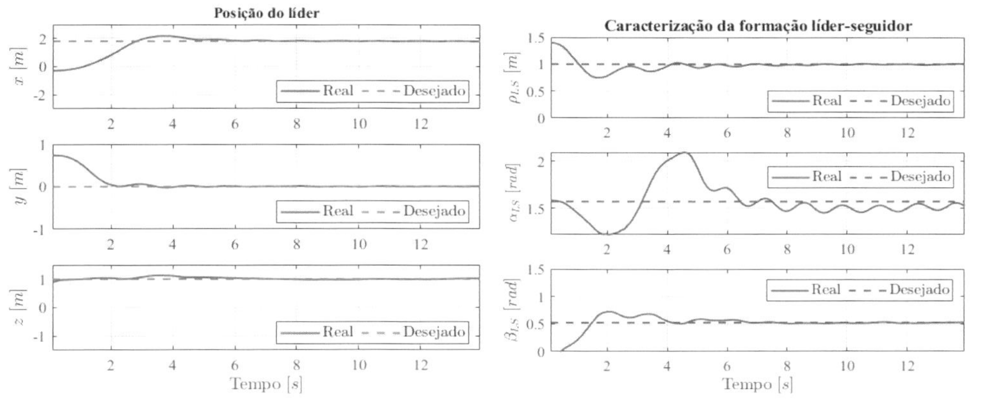

Figura 3.9 – Posição do líder e caracterização da formação correspondentes ao exemplo ilustrado na Figura 3.8.

a formação. Como podemos verificar ao analisar a Figura 3.9, se percebe que o robô seguidor efetivamente se posiciona de forma que as variáveis que descrevem a formação atingem os valores desejados, e se mantêm em tais valores ao longo do restante da navegação, o que permite concluir que a tarefa estipulada foi efetivamente cumprida.

Um detalhe que vale mencionar, no que diz respeito aos controladores projetados para os dois quadrimotores, é que eles incluem um segundo laço de controle, interno ao laço de controle cinemático, constituindo um esquema de controle chamado laço interno-laço externo (do inglês *inner-outer control loops*). Tal laço interno de controle usa o modelo dinâmico do quadrimotor (veja [31]), compensando a dinâmica não linear do veículo e substituindo-a por uma dinâmica linear, conforme discutido em [32] e em [17]. Como mencionado na Seção 1.2, porém, este tema está fora do escopo deste texto, de forma que os detalhes do projeto de tal laço de controle não são abordados. O leitor interessado deve buscar as referências [17], no caso de quadrimotores, ou [23], no caso de robôs uniciclo, ou ainda [32], em que o assunto é abordado de maneira mais genérica. Mencione-se, porém, que os ganhos adotados para o compensador dinâmico foram $diag(0,96,\ 0,96,\ 0,96,\ 0,96)$.

Destaque-se, neste caso, que o sinal de controle gerado pelo controlador cinemático não inclui velocidade de guinada (velocidade angular ao redor do eixo Z), pois se considera o fato dos quadrimotores serem robôs omnidirecionais. Assim, sua orientação inicial é mantida ao longo de toda a navegação, de forma que se acrescenta o valor $v_\psi = 0\ rad/s$, gerando-se o vetor de comandos de velocidade $\mathbf{v}_i = \begin{bmatrix} v_{xi} & v_{yi} & v_{zi} & v_{\psi i} = 0 \end{bmatrix}^T$, $i = 1, 2$, com o índice i correspondendo a cada um dos robôs. Por esta razão, a matriz diagonal de ganhos do compensador dinâmico é de dimensão quatro.

3.3.4 Exemplo 4: Experimento com um líder terrestre e um seguidor aéreo

Uma vez que os controladores projetados para o robô líder e para o robô seguidor são completamente descentralizados, pode-se utilizar robôs de cinemáticas diferentes para constituir uma formação líder-seguidor. Nesta subseção, mostra-se um experimento para ilustrar isso, o qual utiliza uma formação em que o robô líder é um robô terrestre do tipo uniciclo, o *Pioneer 3-DX*, caracterizado como na Figura 2.3, com os parâmetros $a = 20\ cm$ e $\alpha = 0°$, para o qual a matriz de cinemática direta se obtém utilizando tais parâmetros na Equação (2.11). Quanto ao robô seguidor, trata-se de um quadrimotor *Bebop 2*, cuja matriz de cinemática direta é aquela mostrada na Equação (2.20). Tal formação é descrita na Figura 3.10, e as variáveis que descrevem a formação são $\rho_{LS} = 1\ m$ (comprimento da reta virtual que conecta os dois robôs), $\beta_{LS} = 90°$ (ângulo entre a reta virtual que conecta os dois robôs e o plano X^wY^w), e α_{LS} (ângulo entre a projeção da reta virtual que une os dois robôs no plano X^wY^w e o eixo X^w). Mais uma vez, foi utilizada a arena ilustrada na Figura 3.7, novamente com a captura de dados 180 vezes por segundo, mas agora com o primeiro *drone* substituído pelo robô uniciclo.

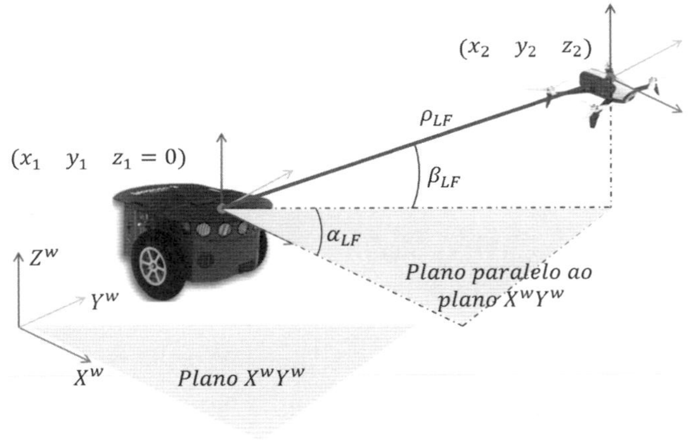

Figura 3.10 – Formação líder-seguidor com um líder terrestre, tipo uniciclo, e um seguidor aéreo, tipo quadrimotor (adaptada de [6]).

Para o robô uniciclo, se utiliza um controlador de seguimento de caminho, ou seja, é desejado que ele se mova ao longo de um caminho no plano X^wY^w, neste caso descrito por uma curva lemniscata de Bernoulli (no plano, se trata de um caminho em forma de oito), partindo da pose (posição mais orientação) inicial $(0,46\ m,\ 0,59\ m,\ 0\ m,\ 0°$. Já o robô seguidor deve seguir a trajetória correspondente ao movimento do líder, partindo da posição inicial $(-0,625\ m,\ -0,119\ m,\ 0,9\ m)$, com sua orientação inicial em 0°. Os valores das posições iniciais dos dois veículos, vale à pena chamar a atenção, foram medidos por meio do sistema de captura de movimento caracterizado na Figura 3.7 e, por isso, estão dados com grande precisão.

O robô líder deve seguir o caminho definido por

$$(-1,5\,\text{sen}(\pi s/180)\ m,\ \ \text{sen}(2\pi s/180)\ m,\ \ 0\ m)),$$

em que s caracteriza a abscissa curvilínea do caminho, e o valor $z = 0\ m$ corresponde à navegação no plano X^wY^w, pois o líder é um robô terrestre.

Consequentemente, ele será conduzido por um controlador que implementa a lei de controle na Equação (1.10). Quanto ao robô seguidor, ele deve seguir a trajetória gerada pelo movimento do robô líder, ou seja, ele é controlado usando-se um controlador de seguimento de trajetória, como caracterizado na Equação (1.5). No que se refere à caracterização da formação líder-seguidor, tem-se que $\rho_{LSd} = 1,5207\ m$, $\alpha_{LSd} = \psi_L - \pi$, ou seja, o seguidor deve estar orientado 180° em relação à orientação do líder, e $\beta_{LSd} = 4\pi/9$. Por fim, as matrizes $\mathbf{K}_{pl}$, $\mathbf{K}_{ps}$, $\mathbf{L}_{sl}$ e $\mathbf{L}_{ss}$ utilizadas nos dois controladores são dadas, respectivamente, por $diag(1,2,\ 1,2)$, $diag(1,2,\ 1,2)$, $diag(5,\ 5,\ 4)$ e $diag(2,\ 2,\ 2)$. Quanto ao período de amostragem, foi novamente adotado $T = 1/30\ s$, que é diferente daquele dos dois robôs. Como mencionado no exemplo anterior, não é preciso que se tenha o período de amostragem vinculado a nenhum dos dois robôs, uma vez que não são usados seus sensores próprios, mas sim um sistema de sensoreamento externo a ambos os veículos.

As Figuras 3.11 e 3.12 sintetizam os resultados obtidos neste experimento. Como se pode ver na primeira delas, o robô líder segue o caminho estabelecido, gerando a trajetória para o quadrimotor que, de fato, segue tal trajetória. A segunda figura, por sua vez, mostra que as variáveis da formação convergem para os valores desejados, conforme esperado.

Mais uma vez, no que tange ao quadrimotor, um compensador dinâmico é utilizado, mas seu projeto foge ao escopo deste livro, e por isso não é abordado. O leitor que desejar, pode obter detalhes sobre o referido projeto em [32] e em [17].

Ainda considerando a formação heterogênea em que o líder é um robô terrestre (o *Pioneer 3-DX*) e o seguidor é um quadrimotor (o*Bebop 2*), também foi realizado um experimento em que o líder executa uma tarefa de posicionamento, buscando o ponto $(2,5\ m,\ 0\ m,\ 0\ m)$, partindo da posição inicial $(-2,56\ m,\ -0,06\ m,\ 0\ m)$ (coordenadas obtidas usando o sistema *OptiTrack*), com orientação inicial de 0°. Portanto, o robô líder deve avan-

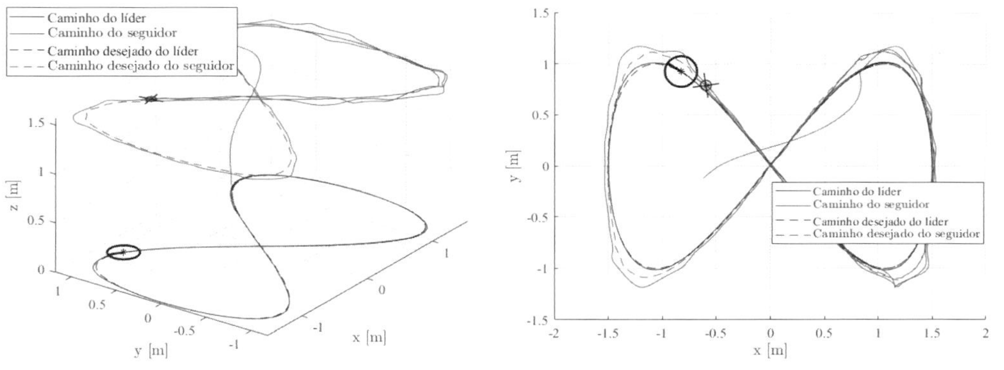

(a) Vista tridimensional (b) Vista X^wY^w

Figura 3.11 – Caminhos percorridos pelos robôs líder e seguidor, correspondentes a um experimento em ambiente interior, usando um robô líder do tipo uniciclo e um robô seguidor do tipo quadrimotor, numa tarefa em que o líder segue um caminho em forma de oito.

çar uma distância de cerca de 5 m, gerando a trajetória a ser rastreada pelo robô seguidor. A configuração da formação líder-seguidor é dada por $\rho_{LSd} = 1,5\ m$, $\alpha_{LSd} = \pi/2\ rad$ e $\beta_{LSd} = \pi/3\ rad$, e o tempo de amostragem é novamente $T = 100\ ms$. A posição inicial do seguidor, por sua vez, é $-2,29\ m$, $0,95\ m$, $0,9\ m$, também medida usando o sistema *OptiTrack*. Neste caso, o líder é controlado usando a lei de controle na Equação (1.8), enquanto o seguidor continua sendo controlado conforme a Equação (1.5). Concluindo a descrição do experimento, as matrizes $\mathbf{K}_{pl}$, $\mathbf{K}_{ps}$, $\mathbf{L}_{sl}$ e $\mathbf{L}_{ss}$ utilizadas nos dois controladores são dadas, respectivamente, por $diag(1,2,\ 1,2)$, $diag(1,2,\ 1,2)$, $diag(1,2,\ 1,2,\ 0,96)$ e $diag(1,2,\ 1,2,\ 1,2)$.

As Figuras 3.13 e 3.14 ilustram os resultados do experimento. A primeira delas mostra os percursos dos robôs líder e seguidor, além da trajetória desejada para o seguidor. Por sua vez, a Figura 3.14 mostra os valores desejados das variáveis que descrevem a formação e aqueles realmente atingidos, permitindo perceber que o líder, de fato, atingiu a posição desejada, e que a formação convergiu para aquela desejada.

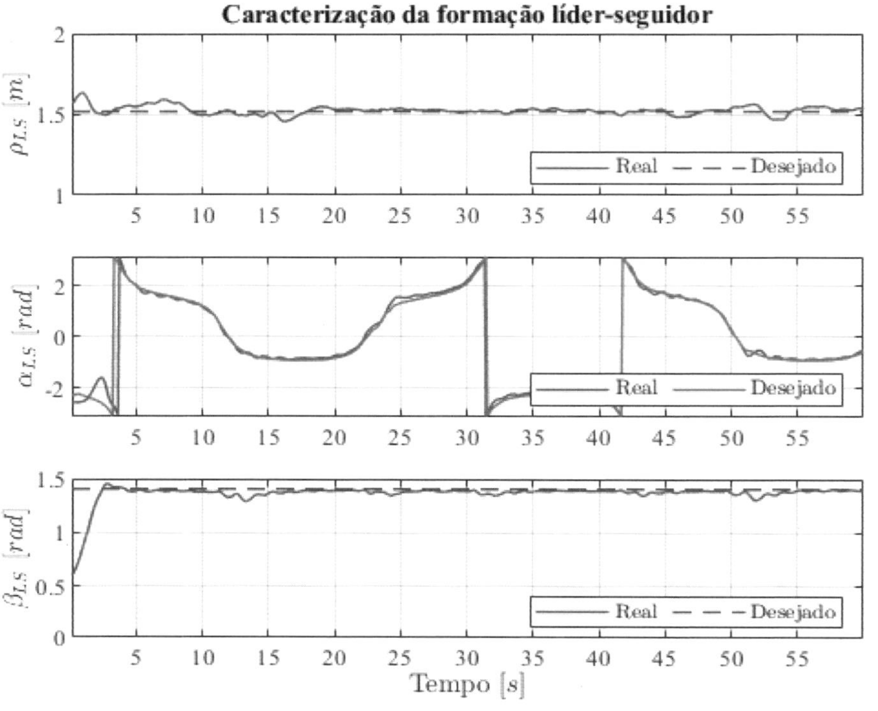

Figura 3.12 – Variáveis características da formação, correspondentes ao exemplo ilustrado na Figura 3.11.

Novamente, vale mencionar que foi utilizado um compensador dinâmico para o quadrimotor, projetado conforme [32] e [17], em que foram adotados os ganhos correspondentes a uma matriz diagonal de dimensão quatro, cujos elementos da diagonal são todos 0,96.

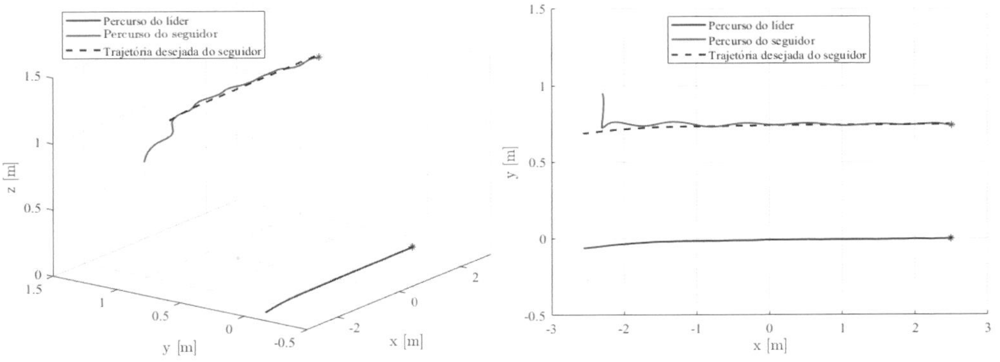

(a) Vista tridimensional (b) Vista $X^w Y^w$

Figura 3.13 – Caminhos percorridos pelos robôs líder e seguidor, correspondentes a um experimento em ambiente interior, usando um robô líder do tipo uniciclo e um robô seguidor do tipo quadrimotor, numa tarefa em que o líder busca uma posição desejada.

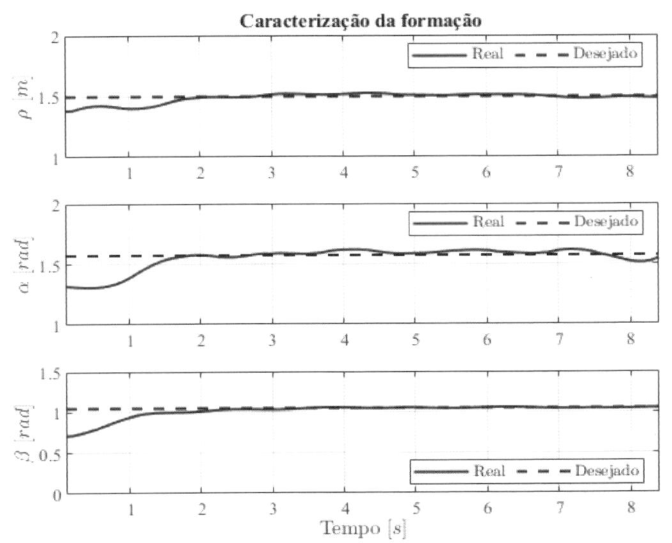

Figura 3.14 – Variáveis características da formação, correspondentes ao exemplo ilustrado na Figura 3.13.

3.3.5 Exemplo 5: Formação com um líder do tipo omnidirecional e dois seguidores omnidirecionais

Esta subseção apresenta mais um exemplo de controle de formação líder-seguidor, agora considerando três robôs omnidirecionais, cuja cinemática é caracterizada na Figura 2.5, e cuja matriz de cinemática direta é dada pela Equação (2.15). A Figura 3.15 caracteriza tal formação, em que o primeiro robô funciona como o líder para os dois outros. Assim, a posição desejada do seguidor número um é $\mathbf{x}_{s1} = \mathbf{x}_l - \mathbf{x}_{off1}$, em que $\mathbf{x}_{off1} = (\rho_{LS1} \cos \alpha_{LS1},\ \rho_{LS1} \operatorname{sen} \alpha_{LS1})$, enquanto, para o seguidor número dois se tem $\mathbf{x}_{s2} = \mathbf{x}_l - \mathbf{x}_{off2}$, em que $\mathbf{x}_{off2} = (\rho_{LS2} \cos \alpha_{LS2},\ \rho_{LS2} \operatorname{sen} \alpha_{LS2})$, sendo ρ_{LS1} o segmento de reta que une o robô líder e o seguidor número um, que tem inclinação α_{LS1} em relação ao eixo X^w. Por sua vez, ρ_{LS2} e α_{LS2} são as mesmas variáveis, mas agora referindo-se ao líder e ao seguidor número dois.

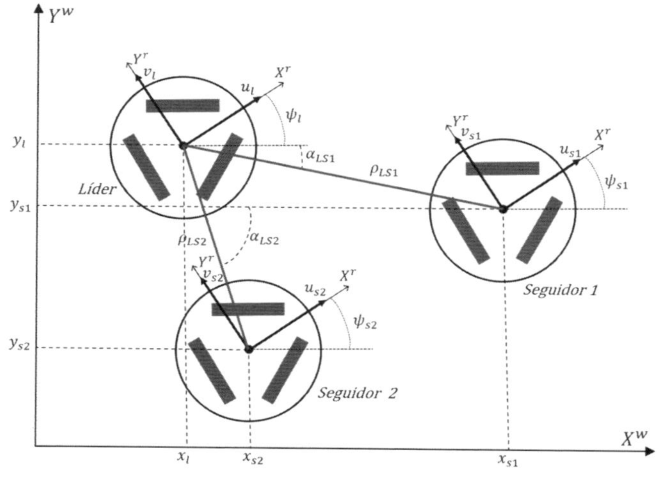

Figura 3.15 – Formação líder-seguidor com um líder e dois seguidores, todos robôs terrestres omnidirecionais.

Para a simulação aqui ilustrada, o robô líder usa a lei de controle na Equação (1.8), pois executa um posicionamento, enquanto os dois seguidores usam a lei de controle na Equação (1.5), pois ambos seguem a trajetória correspondente ao líder, respeitadas as distâncias ρ_{LS1} e ρ_{LS2} e inclinações α_{LS1} e α_{LS2}, especificadas como, respectivamente, 2 m, 2 m, 60° e 120°. Quanto às posições iniciais dos robôs, tem-se (8 m, 0 m), para o robô líder, (3 m, 0 m), para o primeiro seguidor, e (0 m, 0 m), para o segundo seguidor, todos com orientação inicial de 0°. O robô líder deve atingir a posição (18 m, 15 m). As matrizes $\mathbf{K}_p$ são $diag(4,\ 4,\ 4)$, $diag(7,5,\ 7,5,\ 7,5)$ e $diag(7,5,\ 7,5,\ 7,5)$, respectivamente, para o robô líder, o primeiro seguidor e o segundo seguidor. Quanto às matrizes $\mathbf{L}_s$, elas são $diag(1,\ 1,\ 1)$ para os três robôs. Por fim, a tolerância para assegurar que o líder atingiu a posição desejada foi selecionada como $\delta = 1\ cm$.

As Figuras 3.16 e 3.17 ilustram os resultados obtidos para este exemplo. Na primeira delas, são mostradas as posições iniciais e finais dos três robôs, além dos respectivos percursos e das trajetórias desejadas para os dois seguidores. Já a segunda figura mostra que as variáveis que descrevem a formação atingem os valores desejados e neles permanecem até o final da navegação.

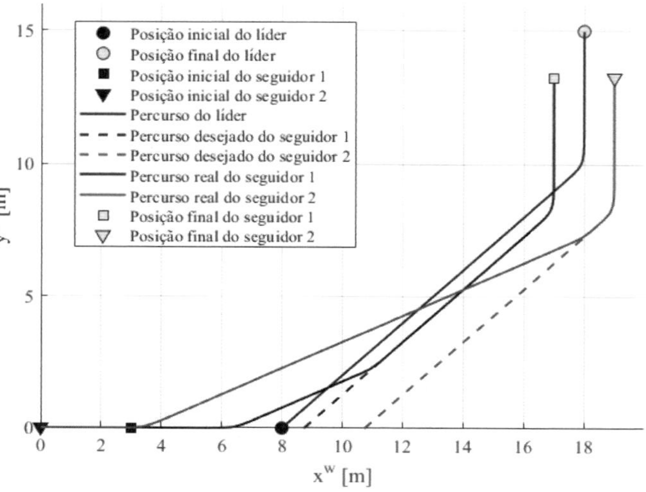

Figura 3.16 – Resultados simulados para uma formação envolvendo um líder e dois seguidores omnidirecionais. São mostradas as posições iniciais e finais dos três robôs, além do percurso do líder e as trajetórias por ele geradas para os dois seguidores, bem como os percursos reais desses seguidores.

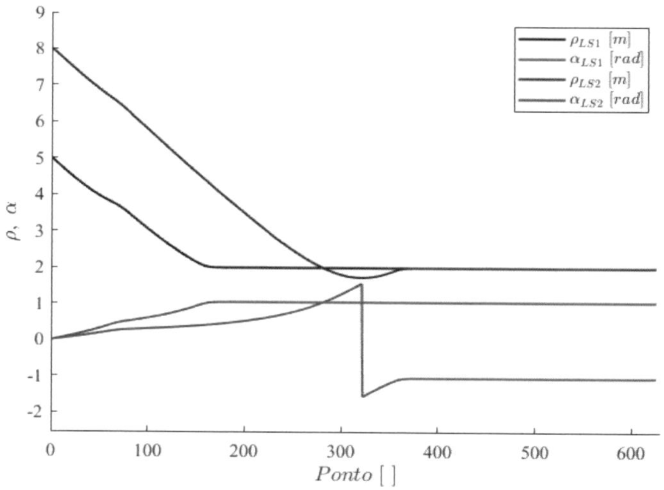

Figura 3.17 – Variáveis que descrevem a formação, referentes à Figura 3.16.

Capítulo 4

Controle de formações baseado em estruturas virtuais

Neste capítulo, o paradigma de controle para sistemas multirrobôs denominado estrutura virtual será detalhado. Diferentemente do paradigma líder-seguidor, em que cada robô, o líder e o seguidor, são controlados independentemente, no caso do paradigma de estrutura virtual os robôs do grupo são controlados por um mesmo controlador. Por exemplo, considerando uma estrutura virtual formada por dois robôs, ela corresponde a uma reta no plano, se os dois robôs forem robôs terrestres, ou uma reta no espaço tridimensional, no caso de um dos robôs da formação ser um robô aéreo. Em outras palavras, o que se irá controlar é a posição e a forma de tal reta.

Portanto, o sistema multirrobôs será tratado por meio da figura geométrica associada ao grupo de robôs componentes da formação sendo controlada. Por exemplo, considerando um grupo de três robôs, a estrutura virtual seria um triângulo, e assim por diante.

4.1 O espaço da formação e o espaço dos robôs

Consequentemente, se caracterizam algumas variáveis que descrevem o estado corrente da formação, que são as chamadas variáveis da formação, as quais caracterizam o chamado espaço da formação. Tais variáveis se subdividem em dois conjuntos, um que descreve a posição atual de um robô virtual associado à formação, cujo movimento caracteriza o movimento da formação, e outro que caracteriza o formato da estrutura virtual. Intuitivamente, é fácil perceber que tais variáveis estão intimamente ligadas às posições dos robôs componentes da formação, as quais correspondem às variáveis dos robôs, que caracterizam o espaço dos robôs, uma vez que se eles mudarem de posição eles alterarão a posição e o formato da estrutura virtual que caracteriza a formação. Portanto, há um mapeamento do espaço dos robôs para o espaço da formação, e vice-versa, mapeamentos esses que estão associados à geometria característica da estrutura virtual (reta, triângulo etc.).

Como exemplos de estruturas virtuais, a Figura 4.1 ilustra dois casos, ambos considerando robôs terrestres omnidirecionais. No primeiro caso, tem-se uma formação com dois robôs, de forma que a estrutura virtual é uma reta no plano X^wY^w, caracterizada pelas variáveis ρ_F, α_F e $(x_F,\ y_F)$, que são o comprimento da reta, sua inclinação em relação ao eixo X^w e a posição do robô virtual que representa a estrutura virtual. Note-se que tal robô virtual pode ser posicionado em qualquer ponto da reta, mas, no caso de formações de dois robôs, será sempre posicionado no início da reta, ou seja, coincidindo com o robô número 1. Para esse caso, o mapeamento do espaço dos robôs para o espaço da formação corresponde a

$$\mathbf{q} = \begin{bmatrix} x_F \\ y_F \\ \rho_F \\ \alpha_F \end{bmatrix} = f(\mathbf{x}) = f\left(\begin{bmatrix} x_1 \\ y_1 \\ x_2 \\ y_2 \end{bmatrix}\right) = \begin{bmatrix} x_1 \\ y_1 \\ \sqrt{(x_2 - x_1)^2 + (y_2 - y_1)^2} \\ \operatorname{arctg}(\frac{y_2 - y_1}{x_2 - x_1}) \end{bmatrix}, \quad (4.1)$$

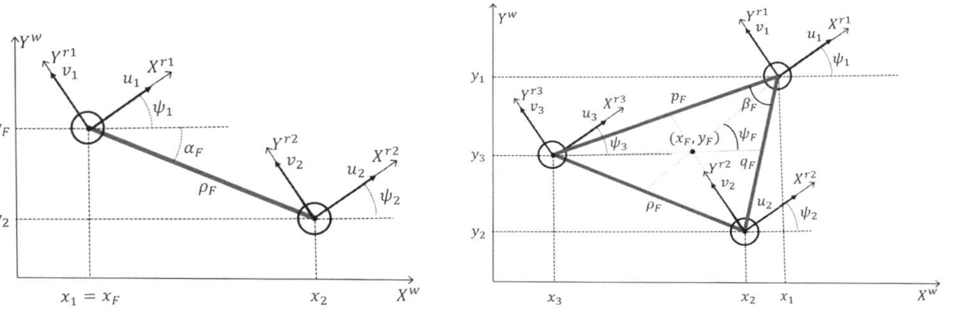

(a) Dois robôs (b) Três robôs

Figura 4.1 – Exemplos de estruturas virtuais correspondentes a dois e três robôs a rodas omnidirecionais. A primeira parte da figura é a mesma Figura 1.2, aqui repetida por conveniência.

em que $\mathbf{x}$ é o vetor contendo as posições dos dois robôs da formação, ou seja, as variáveis dos robôs.

O segundo caso ilustrado na Figura 4.1 se refere a três robôs. Portanto, a estrutura virtual corresponde a um triângulo, em que as posições $(x_1,\ y_1)$, $(x_2,\ y_2)$ e $(x_3,\ y_3)$ dos três robôs, as variáveis dos robôs para esse caso, definem os vértices do triângulo. Nessa circunstância, a estrutura pode ser caracterizada pela posição $(x_F,\ y_F)$ do centro de gravidade do triângulo, pelos comprimentos dos catetos p_F e q_F, pelo ângulo β_F formado por tais catetos, e pelo ângulo ψ_F, que define a orientação do triângulo. Em tal situação, a partir da geometria da figura, se obtém, considerando que o robô virtual que caracteriza a formação está em seu centro de gravidade,

$$\mathbf{q} = \begin{bmatrix} x_F \\ y_F \\ p_F \\ q_F \\ \beta_F \\ \psi_F \end{bmatrix} = f(\mathbf{x}) = f\left(\begin{bmatrix} x_1 \\ y_1 \\ x_2 \\ y_2 \\ x_3 \\ y_3 \end{bmatrix}\right) = \begin{bmatrix} \frac{x_1+x_2+x_3}{3} \\ \frac{y_1+y_2+y_3}{3} \\ \sqrt{(x_1-x_2)^2+(y_1-y_2)^2} \\ \sqrt{(x_1-x_3)^2+(y_1-y_3)^2} \\ \arccos\frac{p_F^2+q_F^2-r_F^2}{2p_Fq_F} \\ \mathrm{arctg}\frac{2y_1-(y_2+y_3)}{2x_1-(x_2+x_3)} \end{bmatrix}, \quad (4.2)$$

sendo $r_F = \sqrt{(x_2 - x_3)^2 + (y_2 - y_3)^2}$ o comprimento do cateto do triângulo que vai do robô 2 ao robô 3.

4.2 A estrutura de controle proposta

Para controlar a navegação da formação baseada em estrutura virtual, portanto, é necessário controlar o robô virtual. Como se trata de um robô sem massa e sem inércia, basta um controle cinemático. Porém, agora as variáveis a serem controladas são as variáveis que descrevem a formação. Assim, é necessário projetar um controlador cinemático envolvendo o modelo cinemático da formação, não mais de um robô. Portanto, é necessário definir o estado desejado da formação, $\mathbf{q}_d = \begin{bmatrix} x_F & y_F & p_F & q_F & \beta_F & \psi_F \end{bmatrix}^T$, assim como sua variação temporal $\dot{\mathbf{q}}_d$. Definidas tais variáveis, adota-se a lei de controle de cinemática inversa, ou seja,

$$\dot{\mathbf{q}}_r = \dot{\mathbf{q}}_d + \mathbf{L}_s \tanh\left(\mathbf{L}_s^{-1}\mathbf{K}_p\tilde{\mathbf{q}}\right), \tag{4.3}$$

com a qual se gera o vetor de comandos $\dot{\mathbf{q}}_r$ que deve ser utilizado para fazer o erro de formação $\tilde{\mathbf{q}} = \mathbf{q}_d - \mathbf{q}$ ser reduzido assintoticamente a zero. A partir daí se obtém os vetores de comando a serem aplicados a cada robô da formação. Para isso, é feito o mapeamento das variações temporais no espaço da formação ($\dot{\mathbf{q}}_r$) para as velocidades $\dot{\mathbf{x}}_r$ no espaço dos robôs. Com esse propósito, toma-se a derivada temporal do mapeamento $\mathbf{q} = f(\mathbf{x})$, a saber, $\dot{\mathbf{q}} = \frac{\partial f(\mathbf{x})}{\partial \mathbf{x}}\dot{\mathbf{x}} = \mathbf{J}\dot{\mathbf{x}}$, obtendo-se, assim, a matriz jacobiana $\mathbf{J}$, que mapeia as variações temporais comandadas pelo controlador da formação nas velocidades a serem desenvolvidas pelos robôs. Note-se que a dimensão de tal matriz será 4×4, no caso de uma formação de dois robôs, ou 6×6, no caso de três robôs. Deve-se observar que sua dimensão, assim como as dimensões do vetor das variáveis da formação e do vetor das variáveis dos robôs, varia conforme o número de robôs, como se pode ver nos dois casos ilustrados na Figura 4.1, correspondentes às Equações (4.1) e (4.2), respectivamente. Em particular, pode-se inferir que no caso de três robôs aéreos a dimensão de tal matriz seria 9×9 (ver[16]).

Portanto, o controle da formação é feito no espaço da formação, e as referências assim geradas são mapeadas para o espaço dos robôs, mas ainda estão em coordenadas globais. Para gerar as velocidades a serem comandadas para cada robô da formação, portanto, é necessário transformar as velocidades nos eixos X^w e Y^w para as respectivas velocidades nos eixos próprios dos robôs. Sendo assim, é preciso multiplicar $\dot{\mathbf{x}}_r$ por uma matriz que contenha as cinemáticas inversas de cada robô, como ilustra a Figura 4.2.

Note-se que a Figura 4.2 não restringe o número de robôs da formação. De fato, a mesma estrutura de controle é válida para qualquer número de robôs, ou, equivalentemente, para qualquer figura geométrica poligonal, além de uma reta. Entretanto, ela pode ser adaptada para utilizar apenas módulos de dois robôs ou mesmo módulos de três robôs, gerando uma estrutura modular que se propaga para a direita, para cada novo robô acrescen-

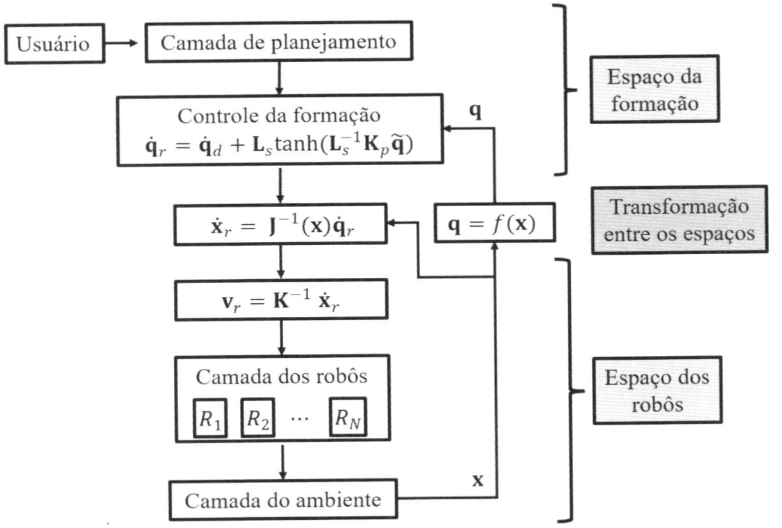

Figura 4.2 – Estrutura de controle para o caso de uma estrutura virtual formada por N robôs.

tado à formação (ver [33], para o caso de decomposição do polígono formado por N robôs em $N-2$ triângulos, ou [19], para o caso de decomposição de um polígono em várias retas). A vantagem de se decompor a formação de mais do que três robôs em várias formações triangulares ou retilíneas é o reuso de código, uma vez que o mesmo código utilizado para uma formação parcial pode ser replicado quantas vezes forem necessárias.

Por sua vez, a matriz $\mathbf{J}^{-1}$ que aparece na Figura 4.2 é responsável por mapear a variação temporal necessária para o controle da formação para o espaço dos robôs, como mencionado anteriormente, gerando, assim, as referências de velocidade para cada robô da formação. Porém, tais velocidades, correspondentes ao vetor $\dot{\mathbf{x}}_r$, ainda estão em coordenadas globais. Consequentemente, elas precisam ser multiplicadas pela matriz de cinemática inversa de cada robô, para gerar os comandos de velocidade que de fato serão enviados a cada robô da formação. Isso corresponde à matriz $\mathbf{K}^{-1}$ que aparece na figura, a qual é uma matriz bloco-diagonal em que os blocos da diagonal são as matrizes de cinemática inversa de cada robô da formação. Note-se que os robôs usados na formação podem ter cinemáticas diferentes, o que aparecerá no bloco da matriz $\mathbf{K}^{-1}$ correspondente a cada robô. No caso correspondente a N robôs, tem-se que

$$\mathbf{K}^{-1} = \begin{bmatrix} \mathbf{K}_1^{-1} & \mathbf{0} & \cdots & \mathbf{0} \\ \mathbf{0} & \mathbf{K}_2^{-1} & \cdots & \mathbf{0} \\ \cdots & \cdots & \cdots & \cdots \\ \mathbf{0} & \mathbf{0} & \cdots & \mathbf{K}_N^{-1} \end{bmatrix},$$

sendo $\mathbf{K}_i^{-1}$, $i = 1, \cdots, N$, a matriz de cinemática inversa correspondente ao $i-$ésimo robô da formação. Como já mencionado, todos os robôs da formação podem ter a mesma cinemática, o que corresponde a uma formação homogênea, ou não, caso em que se tem uma formação heterogênea.

Completando a descrição da estrutura em camadas mostrada na Figura 4.2, a camada inicial fica a cargo do usuário, podendo ser utilizado algum algoritmo computacional, corresponde ao planejamento da trajetória a ser rastreada pela formação, se se tratar de um rastreamento de trajetória; o caminho a ser seguido, se se tratar de um seguimento de caminho; ou a posição/configuração final desejada da formação, se se tratar de um posicionamento da formação. Na sequência, tem-se a camada de controle da formação, que corresponde ao controlador na Equação (4.3), a qual é seguida pelo mapeamento das variações temporais da formação nas velocidades a serem comandadas para cada robô da formação, mapeamento este representado pelas matrizes $\mathbf{J}^{-1}$ e $\mathbf{K}^{-1}$. Seguindo na estrutura de controle, tem-se a camada dos robôs, que corresponde aos robôs componentes da formação, a quem se aplicam os comandos de velocidade correspondentes, concluindo com a camada do ambiente, que corresponde aos sensores que são utilizados para obter a informação das posições de cada robô da formação. Isso pode corresponder aos sensores internos dos robôs (odometria, por exemplo), mais um canal para transmissão da informação, ou então a um sistema de captura de movimento externo aos robôs, como ilustrado na Figura 3.7. No caso dos experimentos aqui realizados, se utilizou exatamente esta última opção, por se tratar de experimentos realizados em ambiente interior, com o controlador sendo executado em um computador externo aos robôs, como ilustrado na Figura 3.7.

Retornando ao mapeamento entre os espaços da formação e dos robôs, a função $f(\mathbf{x})$ permite atualizar o estado corrente da formação, em função do movimento dos robôs, e dela se obtém a matriz jacobiana que mapeia as variações temporais da formação nas velocidades a serem aplicadas aos robôs da formação. Para exemplificar a obtenção da matriz jacobiana $\mathbf{J}(\mathbf{x}) = \frac{\partial \mathbf{q}}{\partial \mathbf{x}}$, seja o caso da estrutura virtual correspondente a uma formação de dois robôs terrestres, como na Figura 4.1, na parte à esquerda, para a qual as variáveis da formação são aquelas na Equação (4.1). Nesse caso, tem-se que

$$
\mathbf{J}(\mathbf{x}) = \begin{bmatrix} \frac{\partial x_F}{\partial x_1} & \frac{\partial x_F}{\partial y_1} & \frac{\partial x_F}{\partial x_2} & \frac{\partial x_F}{\partial y_2} \\ \frac{\partial y_F}{\partial x_1} & \frac{\partial y_F}{\partial y_1} & \frac{\partial y_F}{\partial x_2} & \frac{\partial y_F}{\partial y_2} \\ \frac{\partial \rho_F}{\partial x_1} & \frac{\partial \rho_F}{\partial y_1} & \frac{\partial \rho_F}{\partial x_2} & \frac{\partial \rho_F}{\partial y_2} \\ \frac{\partial \alpha_F}{\partial x_1} & \frac{\partial \alpha_F}{\partial y_1} & \frac{\partial \alpha_F}{\partial x_2} & \frac{\partial \alpha_F}{\partial y_2} \end{bmatrix} = \begin{bmatrix} 1 & 0 & 0 & 0 \\ 0 & 1 & 0 & 0 \\ \frac{x_1 - x_2}{r} & \frac{y_1 - y_2}{r} & \frac{x_2 - x_1}{r} & \frac{y_2 - y_1}{r} \\ \frac{-(y_2 - y_1)}{r^2} & \frac{-(x_2 - x_1)}{r^2} & \frac{(y_2 - y_1)}{r^2} & \frac{(x_2 - x_1)}{r^2} \end{bmatrix}, \tag{4.4}
$$

com $r = \rho_F = \sqrt{(x_2 - x_1)^2 + (y_2 - y_1)^2}$.

Por fim, para exemplificar a composição da matriz $\mathbf{K}^{-1}$, considere-se o caso de dois robôs uniciclo, caracterizados como na Figura 2.3, em que para ambos os parâmetros são $a \neq 0$ e $\alpha = 0$. Nesse caso, a matriz de cinemática direta correspondente a cada um deles é como na Equação (2.11), mas considerando $\alpha = 0$. A matriz de cinemática inversa, para cada um dos dois robôs, é

$$
\mathbf{K}_i^{-1} = \begin{bmatrix} \cos\psi_i & \text{sen}\psi_i & 0 \\ -\,\text{sen}\psi_i & \cos\psi_i & a\omega \\ 0 & 0 & 1 \end{bmatrix},
$$

tal que

$$
\mathbf{K}^{-1} = \begin{bmatrix} \cos\psi_1 & \text{sen}\psi_1 & 0 & 0 & 0 & 0 \\ -\,\text{sen}\psi_1 & \cos\psi_1 & a\omega & 0 & 0 & 0 \\ 0 & 0 & 1 & 0 & 0 & 0 \\ 0 & 0 & 0 & \cos\psi_2 & \text{sen}\psi_2 & 0 \\ 0 & 0 & 0 & -\,\text{sen}\psi_2 & \cos\psi_2 & a\omega \\ 0 & 0 & 0 & 0 & 0 & 1 \end{bmatrix}.
$$

4.3 Exemplos de controle de formações com base na estrutura virtual

Nesta seção, se ilustram várias situações de controle de formações com base em estrutura virtual. São mostrados exemplos simulados e experimentos reais, considerando dois ou três robôs. No caso de dois robôs, se consideram os casos de formação homogênea, envolvendo dois robôs omnidirecionais; e heterogênea, neste último caso, envolvendo um robô uniciclo e um robô aéreo, do tipo quadrimotor. Em particular, no caso de dois robôs, se considera que a posição da formação é a posição do primeiro robô, enquanto no caso de três robôs, se considera que a posição da formação é a posição do centroide do triângulo que descreve a formação.

4.3.1 Exemplo 1: Posicionamento da estrutura virtual, para dois robôs uniciclo

Neste exemplo, são apresentados resultados de uma simulação, utilizando dois robôs uniciclo, caracterizados conforme a Figura 2.3, com os parâmetros $a = 20\ cm$ e $\alpha = 0\ rad$. O primeiro robô parte da posição inicial $(6\ m,\ 1\ m)$, com orientação inicial $0\ rad$, enquanto o segundo robô parte da posição inicial $(8\ m,\ 0\ m)$, com orientação inicial $0\ rad$. A formação desejada é descrita como $\mathbf{q}_d = \begin{bmatrix} 18\ m & 15\ m & 3\ m & 0\ rad) \end{bmatrix}^T$, com $\dot{\mathbf{q}}_d = \mathbf{0}$, por se tratar de um posicionamento. Com relação ao controlador, as matrizes utilizadas são $\mathbf{K}_p = diag(4,\ 4,\ 4,\ 4)$ e $\mathbf{L}_s = diag(1,\ 1,\ 1,\ 1)$. Com relação às matrizes de cinemática direta dos robôs, foram utilizadas

$$\mathbf{A}_1 = \begin{bmatrix} \cos\psi_1 & -a\,\text{sen}\psi_1 \\ \text{sen}\psi_1 & a\cos\psi_1 \end{bmatrix},$$

para o primeiro robô e

$$\mathbf{A}_2 = \begin{bmatrix} \cos\psi_2 & -a\,\mathrm{sen}\psi_2 \\ \mathrm{sen}\psi_2 & a\cos\psi_2 \end{bmatrix},$$

que é a matriz de cinemática direta do robô uniciclo quando o ponto de interesse para controle está sobre o eixo X^r do robô, a uma distância a do ponto médio do eixo virtual que une suas rodas de tração [23]. Nesse caso, a matriz $\mathbf{K}^{-1}$ da Figura 4.2 é dada por

$$\mathbf{K}^{-1} = \begin{bmatrix} \mathbf{A}_1^{-1} & \mathbf{0} \\ \mathbf{0} & \mathbf{A}_2^{-1} \end{bmatrix},$$

enquanto a matriz $\mathbf{J}^{-1}$ é a matriz inversa daquela mostrada na Equação (4.4). Por fim, a tolerância para o erro de posição da formação é $\delta = 0.01\ m$, e o período de amostragem é $T = 100\ ms$.

As Figuras 4.3 e 4.4 trazem o resultado da simulação. A primeira mostra as posições iniciais dos dois robôs, o estado inicial da formação, as posições finais dos dois robôs e o estado desejado da formação, além de configurações intermediárias da formação ao longo da navegação, estas em linha preta tracejada. Já a segunda figura mostra o comportamento das variáveis da formação x_F, y_F, ρ_F, e α_F ao longo da navegação. Como se pode perceber pelas duas figuras, a formação convergiu para o estado desejado, ou seja, os erros de formação convergiram para zero, como esperado.

4.3.2 Exemplo 2: Seguimento de trajetória utilizando dois quadrimotores

Esta subseção traz um exemplo simulado correspondente ao seguimento de uma trajetória por dois robôs aéreos do tipo quadrimotor. O primeiro

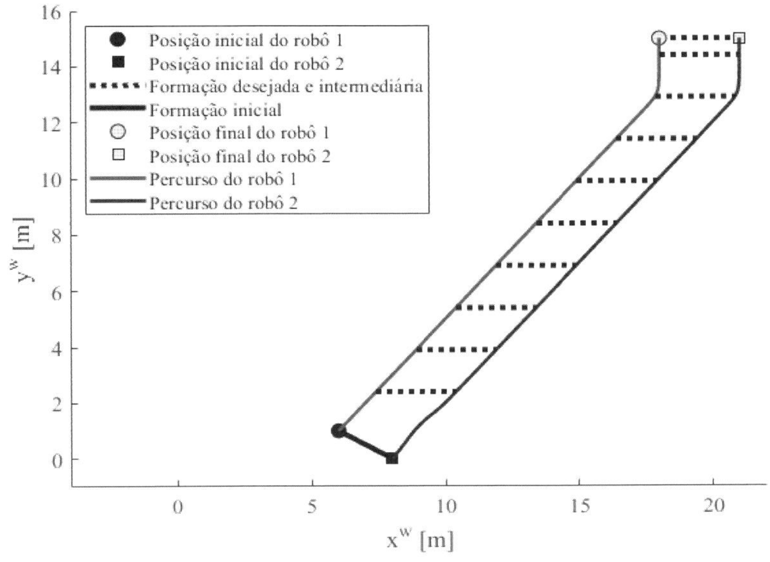

Figura 4.3 – Percursos dos robôs para a simulação de um posicionamento de uma estrutura virtual composta por dois robôs uniciclo.

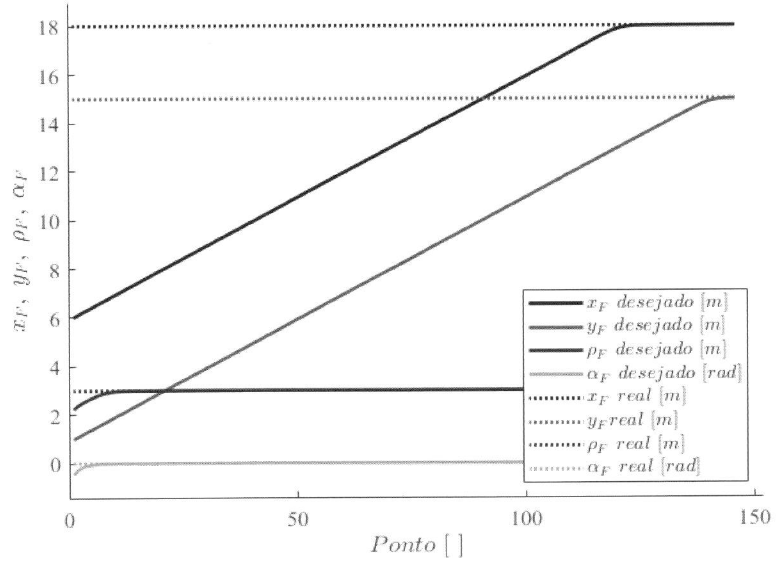

Figura 4.4 – Variáveis de formação para a simulação correspondente à Figura 4.3.

detalhe que deve ser destacado é que, neste caso, as variáveis de formação são seis, assim como as variáveis dos robôs. De fato, a estrutura virtual agora é uma reta no espaço 3D, descrita por um ponto, seu comprimento e dois ângulos. Portanto, tem-se a formação representada na Figura 4.5, na qual as variáveis da formação e as variáveis dos robôs estão também indicadas.

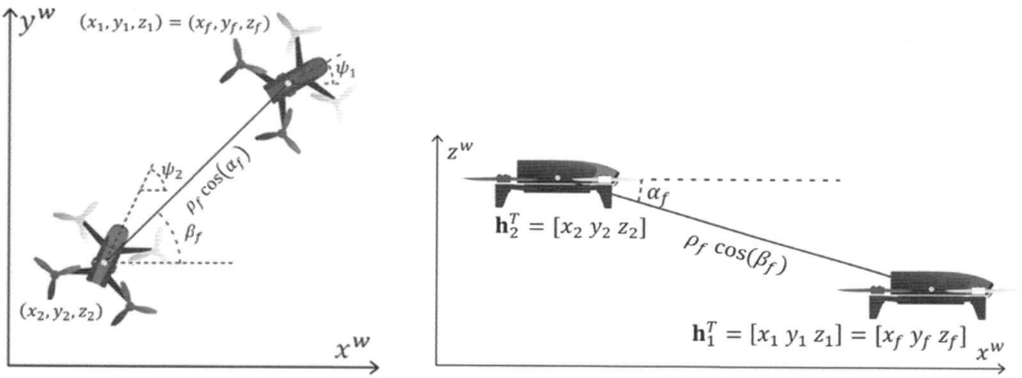

(a) Vista de cima (XY) (b) Vista lateral (XZ)

Figura 4.5 – Estrutura virtual considerando uma formação de dois quadrimotores. As variáveis da formação correspondem ao vetor $\mathbf{q} = \begin{bmatrix} x_f & y_f & z_f & \rho_f & \alpha_f & \beta_f \end{bmatrix}^T$, enquanto as variáveis dos robôs correspondem ao vetor $\mathbf{x} = \begin{bmatrix} x_1 & y_1 & z_1 & x_2 & y_2 & z_2 \end{bmatrix}^T$.

A trajetória desejada a ser seguida pelo robô virtual, o qual coincide com o primeiro quadrimotor, conforme a Figura 4.5, é uma circunferência de raio 5 m, com centro em (0 m, 0 m, 15 m). A formação desejada é descrita por

$$\mathbf{q}_d = \begin{bmatrix} 5\cos(2\pi t/20)\ m & 5\,\mathrm{sen}(2\pi t/20)\ m & 15\ m & 3\ m & 0\ rad & 0\ rad \end{bmatrix}^T,$$

que são os valores correspondentes a x_f, y_f, z_f, ρ_f, α_f e β_f, respectivamente. Portanto, derivando o vetor das variáveis da formação, se obtém a variação temporal desejada para tais variáveis, a saber,

$$\dot{\mathbf{q}}_d = \begin{bmatrix} -0.5\pi \operatorname{sen}(2\pi t/20) & 0.5\pi \cos(2\pi t/20) & 0 & 0 & 0 & 0 \end{bmatrix}^T,$$

sendo os quatro primeiros valores em m/s e os dois últimos em rad/s. Quanto às posições iniciais dos dois robôs, elas são ($0\ m$, $0\ m$, $1\ m$), no caso do primeiro quadrimotor, e ($-2\ m$, $1\ m$, $1\ m$), no caso do segundo quadrimotor, ambos com orientação inicial $0\ rad$. Como os quadrimotores podem ser considerados veículos omnidirecionais, não é preciso controlar sua orientação, de forma que ambos os quadrimotores permanecem com orientação nula ao longo de toda a navegação, ou seja, suas velocidades angulares são ambas nulas ao longo de toda a navegação. Quanto ao controlador da formação, as matrizes $\mathbf{K}_p = diag(1,25,\ 1,25,\ 1,25,\ 0,625,\ 0,625,\ 0,625)$ e $\mathbf{L}_s = diag(1,\ 1,\ 1,\ 0,5,\ 0,5,\ 0,5)$ foram consideradas, sendo o período de amostragem $T = 200\ ms$, que corresponde ao período de atualização das leituras dos sensores do quadrimotor *Bebop 2*. A partir das posições iniciais dos dois quadrimotores pode-se calcular o estado inicial da formação, que é bem diferente daquele desejado, e assim há um erro de formação $\tilde{\mathbf{q}} = \mathbf{q}_d - \mathbf{q}$ que o controlador deve corrigir. As Figuras 4.6 e 4.7 ilustram os resultados da simulação. A primeira mostra a trajetória desejada para a formação, as posições iniciais dos dois quadrimotores, os percursos efetivamente realizados por eles, bem como as suas posições finais, o estado final da formação e alguns dos seus estados intermediários. Já a segunda delas mostra como as variáveis da formação evoluem ao longo da navegação, a partir do erro de formação inicial. Ali se pode perceber que todas as variáveis de formação convergem para os valores desejados, ou seja, os erros de formação convergem para zero.

Conforme se pode ver analisando as duas figuras, a formação cumpre a tarefa proposta de rastrear a trajetória circular, movendo-se conforme desejado e mantendo a forma da estrutura virtual. Essa segunda afirmação pode ser confirmada verificando, na Figura 4.7, que as variáveis da formação convergem para os valores desejados, ou seja, os erros convergem para zero.

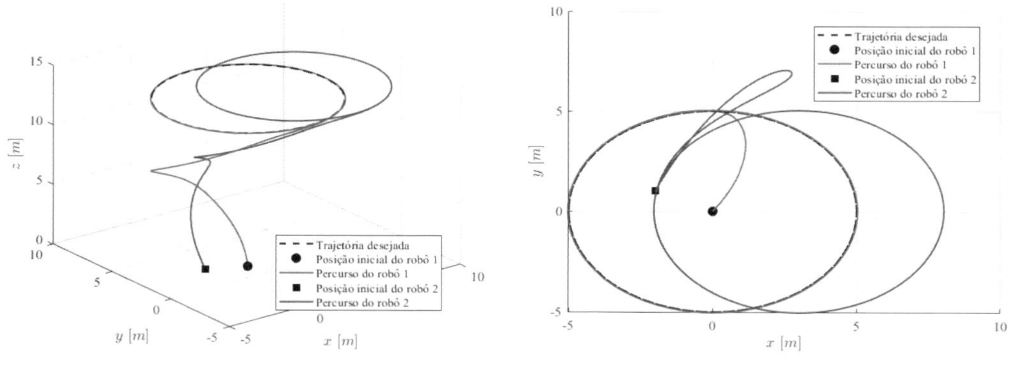

(a) Vista 3D (b) Vista de cima (XY)

Figura 4.6 – Navegação de uma formação de dois quadrimotores rastreando uma trajetória circular. Trajetória desejada, posições iniciais e percursos dos dois quadrimotores.

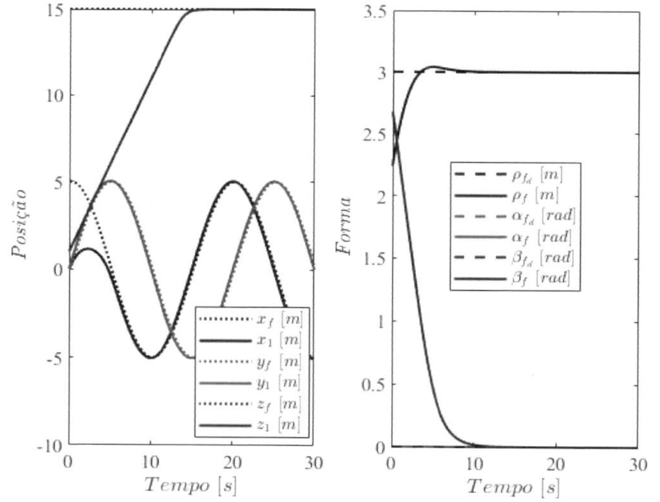

Figura 4.7 – Evolução das variáveis da formação para o caso da simulação correspondente à Figura 4.6.

4.3.3 Exemplo 3: Posicionamento de uma formação de três robôs uniciclo

Nesta subseção, se apresenta uma simulação envolvendo um sistema multirrobôs composto por três robôs uniciclo, caracterizados como na Figura 2.3, para os quais a distância do ponto de interesse para controle ao ponto médio do eixo virtual que une as rodas é de 20 cm, com o ângulo α de 0°. A tarefa que a formação deve cumprir é uma tarefa de posicionamento, e corresponde a mover o centro de gravidade do triângulo formado pelos três robôs para o ponto destino, ali permanecendo, e mantendo uma forma e orientação fixas. O vetor das variáveis da formação desejado é $\mathbf{q}_d = \begin{bmatrix} x_F & y_F & p_f & q_F & \beta_F & \psi_F \end{bmatrix}^T = \begin{bmatrix} 8\ m, & 15\ m, & 4\ m, & 4\ m, & 30°, & -30° \end{bmatrix}^T$, e sua relação com o vetor das variáveis dos robôs $\mathbf{x} = \begin{bmatrix} x_1 & y_1 & x_2 & y_2 & x_3 & y_3 \end{bmatrix}^T$ é como na Equação (4.2). Por sua vez, como se trata de um posicionamento, as variáveis da formação desejadas são estáticas, ou seja, $\dot{\mathbf{q}}_d = \begin{bmatrix} 0, & 0, & 0, & 0, & 0, & 0 \end{bmatrix}^T$. No início da tarefa, os robôs estão nas posições $(0\ m,\ 2\ m)$, no caso do robô número um, $(2\ m,\ 0\ m)$, no caso do segundo robô, e $(-2\ m,\ 0\ m)$, no caso do terceiro robô. As matrizes $\mathbf{K}_p$ e $\mathbf{L}_s$ do controlador são, respectivamente, $diag(4,\ 4,\ 4,\ 4,\ 4,\ 4)$ e $diag(1,\ 1,\ 1,\ 1,\ 1,\ 1)$, enquanto a tolerância para o erro de posição do centro de gravidade do triângulo que representa a formação é $\delta = 0,01\ m$.

Quanto aos resultados da simulação, as Figuras 4.8 e 4.9 ilustram o desempenho. Na primeira delas se pode ver que a formação inicial não estava na forma e orientação desejadas, assim como não estava na posição desejada, o que causou a atuação do controlador para diminuir os erros de posição do centro de gravidade do triângulo formado pelos três robôs, assim como os erros de orientação e de forma do triângulo. Pode-se perceber, também, como a formação foi se reconfigurando ao longo do percurso, para alcançar a forma e orientação desejadas, enquanto se aproximava do ponto destino, que finalmente alcança, com a forma e a orientação desejadas. De

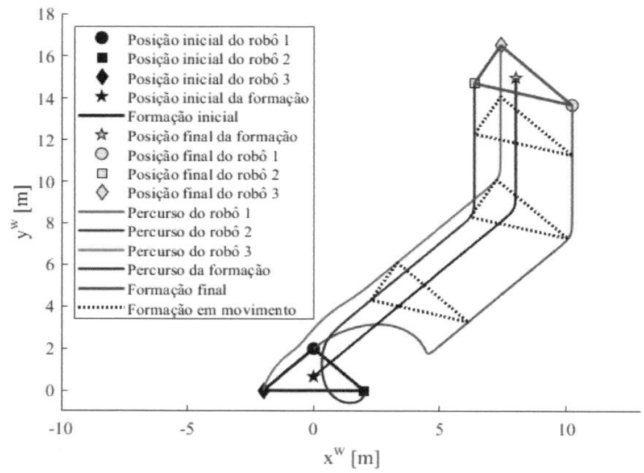

Figura 4.8 – Navegação de uma formação de três robôs uniciclo, ou seja, uma formação triangular, buscando uma posição de destino e uma forma e orientação desejadas.

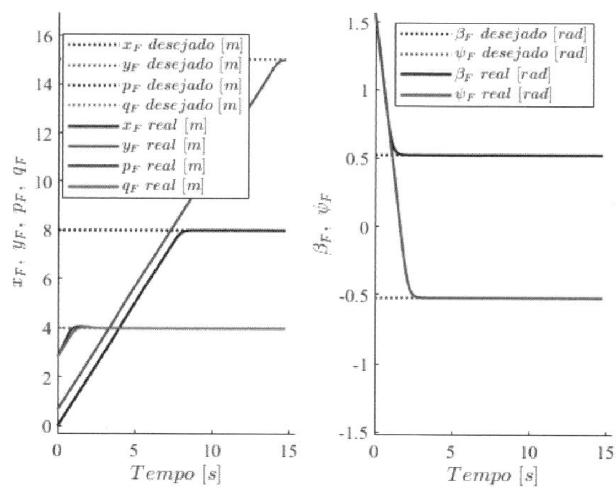

Figura 4.9 – Evolução das variáveis da formação para o caso da simulação correspondente à Figura 4.8.

fato, a segunda de tais figuras mostra claramente que todas as variáveis da formação convergiram para seus valores desejados, ou seja, os erros de formação foram reduzidos a zero.

4.3.4 Exemplo 4: Seguimento de caminho por uma estrutura virtual com um robô uniciclo e um quadrimotor

Nesta subseção, se apresenta um experimento em que uma formação envolvendo um robô uniciclo (o *Pioneer 3-DX*) e um quadrimotor (o *Bebop 2*) deve cumprir uma tarefa de seguimento de caminho. O ponto de referência para o controle da estrutura virtual, ou seja, o ponto em que será fixado o robô virtual a ela correspondente, é a própria posição do robô uniciclo. Observe-se que, neste caso, pode-se utilizar a mesma descrição da formação utilizada para o caso de dois quadrimotores (ver Subseção 4.3.2), com a particularidade de que agora a altitude associada ao primeiro robô, o *Pioneer 3-DX*, é sempre nula. Em outras palavras, as variáveis envolvidas neste caso são $\mathbf{x} = \begin{bmatrix} x_1 & y_1 & z_1 = 0\,m & x_2 & y_2 & z_2 \end{bmatrix}^T$, no caso das variáveis dos robôs, e $\mathbf{q} = \begin{bmatrix} x_f & y_f & z_f = 0\,m & \rho_f & \alpha_f & \beta_f \end{bmatrix}^T$, no caso das variáveis da formação. A Figura 4.10 ilustra tal formação, com as variáveis envolvidas destacadas.

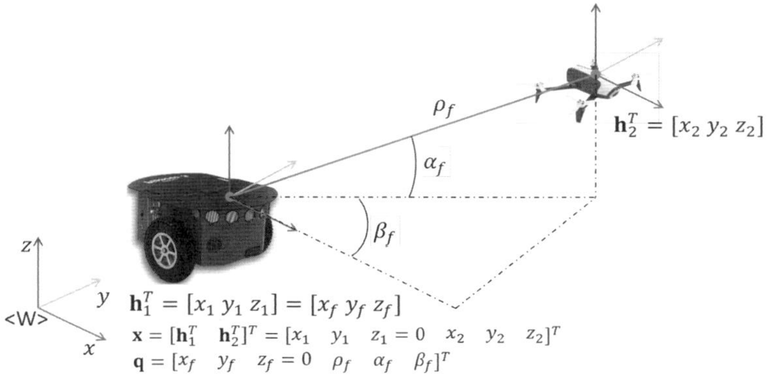

Figura 4.10 – Caracterização da estrutura virtual formada por um robô uniciclo *Pioneer 3-DX* e um quadrimotor *Bebop 2*, destacando as variáveis envolvidas.

A cinemática direta do robô uniciclo é aquela mostrada na Equação (2.5), com $a = 20\ cm$ e $\alpha = 0°$, impondo a restrição não holonômica, ou seja, impondo que $v = 0\ m/s$. Com isso, a cinemática direta do veículo é dada por

$$\begin{bmatrix} \dot{x} \\ \dot{y} \end{bmatrix} = \underbrace{\begin{bmatrix} \cos\psi & -a\,\text{sen}\psi \\ \text{sen}\psi & a\cos\psi \end{bmatrix}}_{\mathbf{A}_P \text{ (matriz de cinemática direta)}} \begin{bmatrix} u \\ \omega \end{bmatrix}.$$

Por sua vez, a matriz de cinemática direta do quadrimotor é aquela apresentada na Equação (2.20), com a simplificação de que apenas as velocidades lineares são consideradas, uma vez que o quadrimotor é um veículo omnidirecional, ou seja, não se considerará o controle de sua orientação. Isso significa que sua velocidade de guinada comandada, ou seja, o valor v_ψ na Equação (2.20) será zero, isto é, o quadrimotor manterá fixa sua orientação inicial.

Neste caso, o mapeamento do espaço dos robôs para o espaço da formação, $\mathbf{q} = f(\mathbf{x})$, é dado por

$$\mathbf{q} = \begin{bmatrix} x_f \\ y_f \\ z_f \\ \rho_f \\ \alpha_f \\ \beta_f \end{bmatrix} = f(\mathbf{x}) = \begin{bmatrix} x_1 \\ y_1 \\ z_1 \\ \sqrt{(x_2 - x_1)^2 + (y_2 - y_1)^2 + (z_2 - z_1)^2} \\ \text{arctg}\left(\frac{z_2 - z_1}{\sqrt{(x_2-x_1)^2+(y_2-y_1)^2}}\right) \\ \text{arctg}\left(\frac{y_2 - y_1}{x_2 - x_1}\right) \end{bmatrix} \tag{4.5a}$$

enquanto o mapeamento inverso, ou seja, $\mathbf{x} = g(\mathbf{q})$ é dado por

$$\mathbf{x} = \begin{bmatrix} x_1 \\ y_1 \\ z_1 \\ x_2 \\ y_2 \\ z_2 \end{bmatrix} = g(\mathbf{q}) = \begin{bmatrix} x_f \\ y_f \\ z_f \\ x_f + \rho_f \cos\alpha_f \cos\beta_f \\ y_f + \rho_f \cos\alpha_f \operatorname{sen}\beta_f \\ z_f + \rho_f \operatorname{sen}\alpha_f \end{bmatrix}, \tag{4.5b}$$

lembrando que a coordenada correspondente à altitude, no caso do robô uniciclo, e também no caso da formação, é sempre zero.

Consequentemente, a matriz $\mathbf{J}^{-1}$ que aparece na estrutura de controle da Figura 4.2, definida a partir de $\dot{\mathbf{x}} = \frac{\partial g}{\partial \mathbf{q}}\dot{\mathbf{q}} = \mathbf{J}^{-1}(\mathbf{q})\dot{\mathbf{q}}$, será

$$\mathbf{J}^{-1}(\mathbf{q}) = \begin{bmatrix} \frac{\partial x_1}{\partial x_f} & \frac{\partial x_1}{\partial y_f} & \frac{\partial x_1}{\partial z_f} & \frac{\partial x_1}{\partial \rho_f} & \frac{\partial x_1}{\partial \alpha_f} & \frac{\partial x_1}{\partial \beta_f} \\ \frac{\partial y_1}{\partial x_f} & \frac{\partial y_1}{\partial y_f} & \frac{\partial y_1}{\partial z_f} & \frac{\partial y_1}{\partial \rho_f} & \frac{\partial y_1}{\partial \alpha_f} & \frac{\partial y_1}{\partial \beta_f} \\ \frac{\partial z_1}{\partial x_f} & \frac{\partial z_1}{\partial y_f} & \frac{\partial z_1}{\partial z_f} & \frac{\partial z_1}{\partial \rho_f} & \frac{\partial z_1}{\partial \alpha_f} & \frac{\partial z_1}{\partial \beta_f} \\ \frac{\partial x_2}{\partial x_f} & \frac{\partial x_2}{\partial y_f} & \frac{\partial x_2}{\partial z_f} & \frac{\partial x_2}{\partial \rho_f} & \frac{\partial x_2}{\partial \alpha_f} & \frac{\partial x_2}{\partial \beta_f} \\ \frac{\partial y_2}{\partial x_f} & \frac{\partial y_2}{\partial y_f} & \frac{\partial y_2}{\partial z_f} & \frac{\partial y_2}{\partial \rho_f} & \frac{\partial y_2}{\partial \alpha_f} & \frac{\partial y_2}{\partial \beta_f} \\ \frac{\partial z_2}{\partial x_f} & \frac{\partial z_2}{\partial y_f} & \frac{\partial z_2}{\partial z_f} & \frac{\partial z_2}{\partial \rho_f} & \frac{\partial z_2}{\partial \alpha_f} & \frac{\partial z_2}{\partial \beta_f} \end{bmatrix}, \tag{4.6a}$$

ou seja,

$$\mathbf{J}^{-1}(\mathbf{q}) = \begin{bmatrix} 1 & 0 & 0 & 0 & 0 & 0 \\ 0 & 1 & 0 & 0 & 0 & 0 \\ 0 & 0 & 1 & 0 & 0 & 0 \\ 1 & 0 & 0 & \cos\alpha_f \cos\beta_f & -\rho_f \operatorname{sen}\alpha_f \cos\beta_f & -\rho_f \cos\alpha_f \operatorname{sen}\beta_f \\ 0 & 1 & 0 & \operatorname{sen}\alpha_f \cos\beta_f & -\rho_f \operatorname{sen}\alpha_f \operatorname{sen}\beta_f & \rho_f \cos\alpha_f \cos\beta_f \\ 0 & 0 & 1 & \operatorname{sen}\alpha_f & \rho_f \cos\alpha_f & 0 \end{bmatrix}. \tag{4.6b}$$

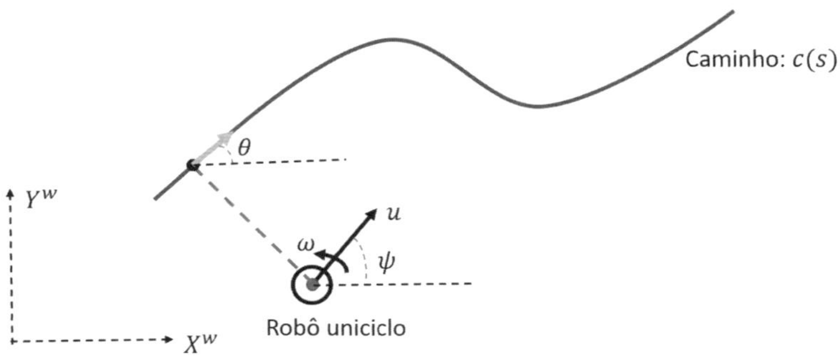

Figura 4.11 – Figura ilustrativa da tarefa de seguimento de um caminho $c(s)$ por um robô uniciclo, quando sua posição inicial não coincide com o caminho.

Completando a estrutura de controle, a matriz $\mathbf{K}^{-1}$ será dada por

$$\mathbf{K}^{-1} = diag(\mathbf{A}_P^{-1}, \mathbf{A}_B^{-1}),$$

sendo $\mathbf{A}_P^{-1}$ e $\mathbf{A}_B^{-1}$ as matrizes de cinemática inversa do robô uniciclo e do quadrimotor, respectivamente.

A tarefa de seguimento de caminho pode ser considerada em duas partes: a primeira consiste em chegar ao caminho que se deseja seguir, e a segunda consiste em deslocar-se sobre o caminho alcançado. A Figura 4.11 ilustra tal situação. Note-se que tal figura se refere a um veículo apenas, não a uma formação. Na verdade, ela ilustra o robô virtual que se associa à formação, que, neste caso, coincide com o robô uniciclo. Outro detalhe é que a figura ilustra a situação em que o robô busca o ponto do caminho mais próximo de sua posição inicial, o que é uma estratégia que tem como finalidade buscar o caminho o mais rápido possível. Outras opções poderiam ser consideradas, entretanto, como buscar o ponto inicial do caminho, por exemplo.

Conforme ilustra a Figura 4.11, primeiro o robô deve posicionar-se sobre o caminho, buscando o ponto assinalado em negro sobre o caminho. Como o caminho é dado, ele pode ser discretizado em um número N de pontos, e o ponto mais próximo ao robô pode ser determinado a partir do vetor contendo os pontos assim obtidos. Note-se que a inclinação do caminho em cada ponto, θ, também pode ser obtida a partir dos pontos do caminho, conforme a Equação (1.9). Assim, o controlador a ser usado deve ser o controlador de seguimento de caminho da Equação (1.10), num primeiro momento buscando o ponto do caminho mais próximo do robô, fase em que se atribui à velocidade desejada V_d o valor zero, deixando a velocidade a ser comandada como função apenas do erro de posição. Com o robô sobre o caminho, a velocidade desejada, V_d, passa a ser não nula, mantendo-se sua direção tangente ao caminho (ângulo θ). A mudança do valor de V_d estará vinculada ao erro entre a posição atual do robô e o ponto mais próximo sobre o caminho, que deverá ser reduzida até tornar-se inferior a um limiar δ tão pequeno quanto se queira.

O caminho a ser seguido pela formação é descrito como

$$x_{fd} = -1.5\,\text{sen}(\pi s/180)\ m,\ \ y_{fd} = 0.8\,\text{sen}(2\pi s/180)\ m,\ \text{ e } z_{fd} = 0\ m,$$

correspondente a uma curva lemniscata de Bernoulli. Por sua vez, a forma desejada da estrutura virtual corresponde a

$$\rho_{fd} = 1,5\ m,\ \ \alpha_{fd} = \psi_1 + \pi\ rad,\ \text{ e } \beta_{fd} = \pi/3\ rad,$$

sendo ψ_1 a orientação do *Pioneer 3-DX*. Note-se que, dessa forma, o *Bebop 2* sempre estará atrás do *Pioneer 3-DX*, que é o desejado, neste exemplo. Com relação ao controlador utilizado para a formação, que é um controlador para seguimento de caminho, sendo o caminho restrito ao plano X^wY^w, teremos que a variação temporal desejada para as variáveis da formação, a saber $\dot{\mathbf{q}}_d$ na Equação (4.3), será dada por

$$\begin{bmatrix} V_d\cos\theta & V_d\text{sen}\theta & 0 & 0 & \omega_1 & 0 \end{bmatrix}^T,$$

sendo ω_1 a velocidade angular do robô *Pioneer 3-DX*, e os valores nulos se devem ao fato de que os valores desejados z_{fd}, ρ_{fd} e β_{fd} são constantes. Por sua vez, V_d é a velocidade desejada para o robô *Pioneer 3-DX* quando ele estiver sobre o caminho, que neste exemplo é de 200 mm/s. Com relação ao erro admitido para que se considere que o robô virtual (coincidente com o *Pioneer 3-DX*) está sobre o caminho, foi adotado o valor $\delta = 20\ cm$. Por fim, θ é a inclinação do caminho, ao longo de sua abcissa curvilínea s, dada por $\theta = \text{arctg}(\frac{dy}{ds}/\frac{dx}{ds})$, com s variando desde 0 até 720, com incrementos de 0.1, o que equivale a considerar 7200 pontos ao longo do caminho. No que se refere ao sistema sensorial para obter os dados de navegação, mais uma vez foi utilizada a arena *OptiTrack*, ilustrada na Figura 3.7, novamente com 180 capturas de dados por segundo, com o laço de controle sendo executado 30 vezes por segundo. Por fim, as matrizes $\mathbf{K}_p$ e $\mathbf{L}_s$ na Equação (4.3) são, respectivamente, $diag(0,768;\ 0,768;\ 0,64;\ 6,4\ 5,76;\ 3,84)$ e $diag(0,8;\ 0,8;\ 0,8;\ 1,6;\ 2,4;\ 2,4)$.

As Figuras 4.12, 4.13 e 4.14 descrevem os resultados do experimento. A primeira mostra os percursos dos dois veículos, enquanto as outras duas mostram os erros de posição e de forma da estrutura virtual. Pode-se perceber que os veículos, após o *Pioneer 3-DX* alcançar o caminho (vale lembrar que o robô virtual que caracteriza a formação coincide com ele), permanecem seguindo o caminho estabelecido, realizando várias voltas sobre a curva lemniscata de Bernoulli, com erro muito próximo de zero nas variáveis da formação, ou seja, com $\tilde{\mathbf{q}} \approx \mathbf{0}$, conforme ilustram as outras duas figuras.

4.3.5 Exemplo 5: Seguimento de trajetória por uma formação de dois robôs omnidirecionais

Nesta subseção, se apresenta uma simulação envolvendo a estrutura virtual correspondente a dois robôs terrestres do tipo omnidirecional, sendo que o vetor das variáveis da formação desejado é

$$\mathbf{q}_d = \begin{bmatrix} 5\cos(2\pi t/20)\ m & 5\,\text{sen}(2\pi t/20)\ m & 3\ m & 0\ rad \end{bmatrix}^T,$$

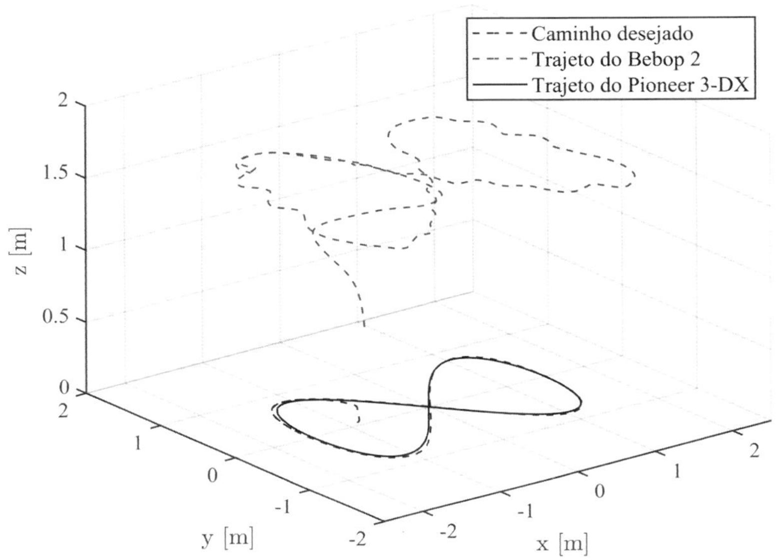

Figura 4.12 – Percursos do *Pioneer 3-DX* e do *Bebop 2* para o caso do seguimento de caminho pela formação constituída por eles.

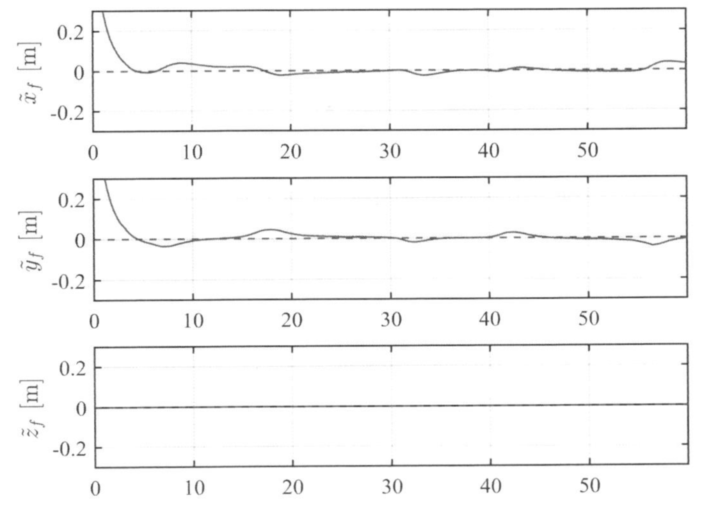

Figura 4.13 – Erros nas variáveis de posição da formação para o exemplo caracterizado na Figura 4.12.

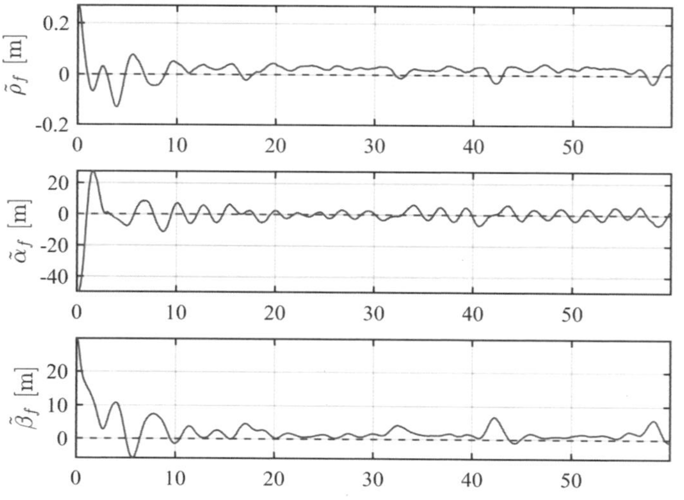

Figura 4.14 – Erros nas variáveis de forma da formação para o exemplo caracterizado na Figura 4.12.

tal que

$$\dot{\mathbf{q}}_d = \begin{bmatrix} -0,5\pi\,\text{sen}(2\pi t/20)\ m/s & 0,5\cos(2\pi t/20)\ m/s & 0\ m/s & 0\ rad/s \end{bmatrix}^T.$$

Por sua vez, as posições iniciais dos dois robôs são (2 m, 2 m), para o primeiro robô, e (3 m, 1 m), para o segundo robô, sendo que ambos estão orientados na direção 0°. Observe-se que se trata de robôs omnidirecionais, logo eles não necessitam ter sua orientação corrigida. Dessa forma, esta simulação considera que a orientação dos robôs permanece 0° todo o tempo, de forma que a matriz de cinemática direta de cada um deles é uma matriz identidade 3×3, obtida a partir da Equação (2.15) fazendo-se $\psi = 0°$. As matrizes de ganho e saturação do controlador na Equação (4.3) são $\mathbf{K}_p = diag(1,25,\ 1,25,\ 1,25,\ 1,25)$ e $\mathbf{L}_s = diag(1,\ 1,\ 1,\ 1,\ 1,\ 1)$. Por fim, o tempo de amostragem utilizado foi $T = 50\ ms$, com a simulação durando 15 s.

As Figuras 4.15 e 4.16 sintetizam os resultados dos experimentos. Nelas se pode verificar que, de fato, os dois robôs navegam de forma coordenada, seguindo a trajetória preestabelecida, uma circunferência no plano X^wY^w de raio 5 m e centrada em (0 m, 0 m), com os erros inicialmente verificados nas variáveis da formação convergindo para zero, ou seja, com os valores das variáveis da formação convergindo para seus valores desejados.

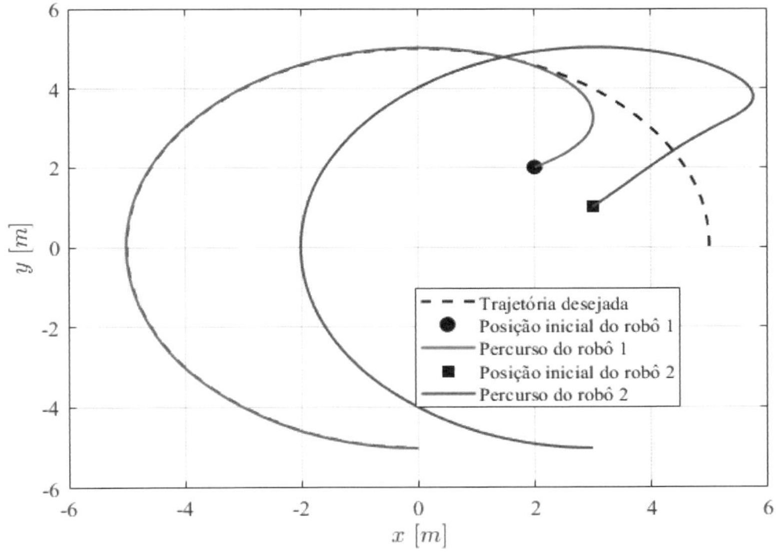

Figura 4.15 – Trajetória desejada e percursos dos dois robôs omnidirecionais utilizados em uma formação controlada, usando a estratégia da estrutura virtual.

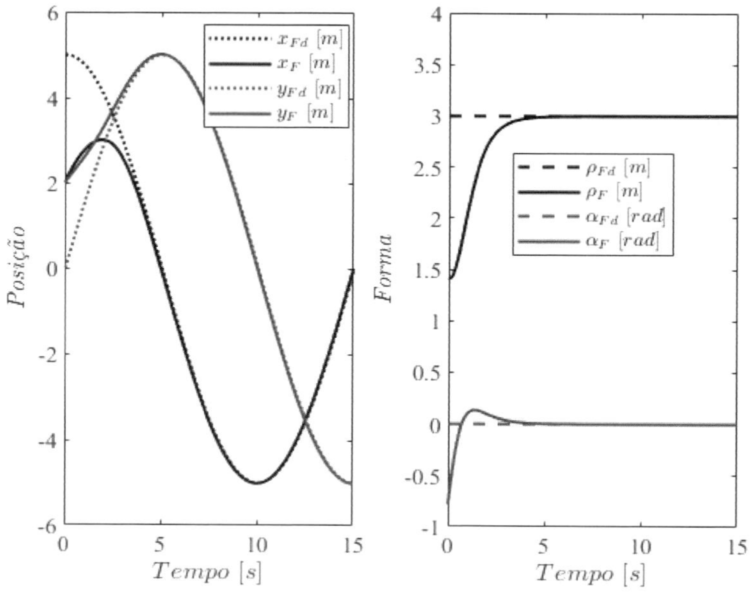

Figura 4.16 – Evolução das variáveis da formação para o caso da simulação correspondente à Figura 4.15.

Capítulo 5

Controle de formações com múltiplos objetivos

Neste capítulo serão consideradas aplicações em que um sistema multirrobôs tem que executar uma tarefa que pode ser caracterizada por distintas subtarefas, as quais devem ser cumpridas numa sequência hierárquica. Por exemplo, seja uma tarefa de posicionamento envolvendo dois robôs, numa formação baseada em estrutura virtual. O robô virtual que representa a formação deve buscar um posicionamento predefinido e aparece um obstáculo no caminho da formação. Tipicamente, a formação deve priorizar evitar o obstáculo, esquecendo, momentaneamente, a tarefa de posicionamento, uma vez que por questão de segurança qualquer colisão tem que ser evitada. Então, pode-se considerar duas subtarefas, a saber, evitar o obstáculo e mover a formação para a posição desejada. Porém, quando há conflito entre tais subtarefas, ou seja, quando a formação não puder continuar em seu caminho porque há um obstáculo sobre ele, a subtarefa de desviar do obstáculo deve ser executada, em detrimento de mover a formação para a posição desejada. Entretanto, quando não há obstáculo colocando em risco a integridade dos robôs, a subtarefa de mover a formação é executada normalmente, deixando de sê-lo apenas quando um obstáculo passa a representar risco à integridade dos robôs. Portanto, se há conflito entre as subtarefas a serem executadas a subtarefa de maior prioridade, no caso o desvio de obstáculo, é aquela a ser executada, com o sistema de controle postergando a execução da subtarefa de mover a formação para a posição desejada.

Tipicamente, esta é uma estrutura de controle em que tarefas concorrentes devem ser executadas de acordo com uma sequência de prioridades preestabelecida. O que se faz, nesse caso, é considerar cada subtarefa como um comportamento, definir como cada comportamento gera os comandos de velocidade adequados para os robôs e implementar uma estrutura de execução hierárquica das subtarefas. Na literatura, uma arquitetura de controle em que os comportamentos de maior prioridade suprimem os de menor prioridade foi proposta em 1986, que é a bem conhecida arquitetura de subsunção [34]. Uma forma analítica de implementar tal tipo de arquitetura, proposta em [22, 15], inclusive com demonstração de estabilidade [21], é a chamada estrutura de controle comportamental baseada em espaço nulo, que será aqui abordada como estratégia para a execução em ordem hierárquica das subtarefas.

5.1 Controle comportamental baseado em espaço nulo

Como visto no Capítulo 4, a abordagem de controle baseada em estrutura virtual faz uso de uma matriz jacobiana para mapear as variações temporais das variáveis da formação a serem implementadas, $\dot{\mathbf{q}}_r$, nas velocidades que serão comandadas aos robôs. Tal matriz é a matriz $\mathbf{J}^{-1}(\mathbf{x})$, que se pode ver na Figura 4.2. Na hipótese de se particionar o vetor $\dot{\mathbf{q}}_r$, de forma a caracterizar várias subtarefas (por exemplo, sabe-se que tal vetor contém variáveis que caracterizam a posição e a forma da estrutura virtual, daí se pode particioná-lo para ter dois vetores, um caracterizando a posição e o outro caracterizando a forma da estrutura virtual), a matriz $\mathbf{J}^{-1}(\mathbf{x})$ também será particionada, de forma a se obter duas matrizes jacobianas, uma correspondente à subtarefa de mover a estrutura virtual e outra associada a manter a forma da estrutura virtual. Desse modo, se podem caracterizar duas subtarefas, e atribuir diferentes prioridades a elas. Num exemplo intuitivo, imagine-se que uma formação de dois robôs terrestres do mesmo tipo deve se deslocar até um ponto desejado no plano X^wY^w, estabelecendo e mantendo uma forma desejada. Se a prioridade for estabelecer e manter a forma, a forma desejada será estabelecida muito rapidamente, e será mantida ao longo da navegação, até a formação chegar ao ponto destino. Já se a prioridade for chegar ao ponto destino (mover a formação), a forma da estrutura virtual só será estabelecida no final da navegação, quando a estrutura virtual chegar ao ponto desejado.

Para se agregar a subtarefa de desviar de um obstáculo, deve-se criar um vetor de comandos de velocidade associado ao desvio de obstáculo, e considerar tal vetor de comandos e aquele gerado pelo controle da estrutura virtual. Assim, haverá duas subtarefas conflitantes, a saber, mover a formação para um ponto destino mantendo sua forma, e desviá-la de qualquer obstáculo.

Então, será agora necessário combinar de forma hierárquica como tais sinais vão ser usados para compor o sinal de controle a ser enviado aos robôs da formação. Isso será feito usando a técnica de controle comportamental baseado em espaço nulo, proposta por Antonelli e coautores [15]. Tal técnica corresponde a tomar as matrizes jacobianas correspondentes a cada subtarefa e mapear cada uma delas no espaço nulo da matriz jacobiana correspondente à subtarefa de prioridade imediatamente acima. Considerando três subtarefas, como manter a forma da estrutura virtual, mover a estrutura virtual e desviar a estrutura virtual de algum obstáculo, seriam definidas três matrizes jacobianas, a saber, $\mathbf{J}_1$, $\mathbf{J}_2$ e $\mathbf{J}_3$, não necessariamente quadradas. Assim, de acordo com [22, 15], o sinal de controle, ainda em coordenadas globais, considerando que a sequência de prioridades no sentido decrescente é subtarefa 1, subtarefa 2 e subtarefa 3, seria $\dot{\mathbf{x}}_r = \mathbf{J}_1^\dagger \dot{\mathbf{q}}_{r1} + (\mathbf{I} - \mathbf{J}_1^\dagger \mathbf{J}_1)\left[\mathbf{J}_2^\dagger \dot{\mathbf{q}}_{r2} + (\mathbf{I} - \mathbf{J}_2^\dagger \mathbf{J}_2)\mathbf{J}_3^\dagger \dot{\mathbf{q}}_{r3}\right]$, em que $\mathbf{J}_i^\dagger$ representa a matriz pseudo-inversa à direita de $\mathbf{J}_i$, definida como $\mathbf{J}_i^\dagger = \mathbf{J}_i^T(\mathbf{J}_i \mathbf{J}_i^T)^{-1}$. A Figura 5.1 ilustra como seria gerado o sinal de controle, nesse caso. Um detalhe importante a ser mencionado, no que diz respeito à figura, é que acrescentar mais uma subtarefa com menor prioridade corresponde a crescer tal figura para a direita, acrescentando um somador logo abaixo da caixa correspondente a $\mathbf{J}_3^\dagger$, a projeção $(\mathbf{I} - \mathbf{J}_3^\dagger \mathbf{J}_3)$ de tal tarefa no espaço nulo da matriz $\mathbf{J}_3^\dagger$ e o sinal $\dot{\mathbf{q}}_{r4}$ correspondente à nova subtarefa, multiplicado por $\mathbf{J}_4^\dagger$.

Uma característica importante associada à esta arquitetura de controle é que ela é estável, conforme demonstrado em [21]. Ou seja, não há nenhum

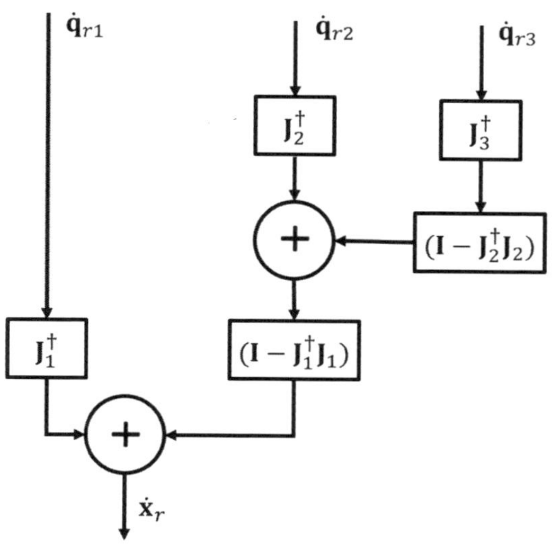

Figura 5.1 – Diagrama de blocos correspondente ao mapeamento das variações temporais da formação para as velocidades dos robôs, usando a abordagem de estrutura virtual com controle comportamental baseado em espaço nulo, considerando três subtarefas, com prioridades decrescentes para a sequência 1, 2, 3 das subtarefas.

problema de estabilidade associado ao chaveamento das tarefas quando ele é feito utilizando a técnica de espaço nulo assim delineada.

5.2 Exemplos

Nesta seção, são mostrados alguns exemplos em que se aplicou a abordagem de controle baseada em comportamentos, usando a técnica de espaço nulo. São mostrados, basicamente, casos em que se tem duas subtarefas e mesmo três delas.

5.2.1 Exemplo 1: Estrutura virtual com dois robôs omnidirecionais, com prioridade para a subtarefa de manter a forma da estrutura

Este primeiro exemplo considera como estrutura virtual o segmento de reta virtual que une dois robôs terrestres omnidirecionais. Trata-se, portanto, do controle de uma formação de dois robôs terrestres omnidirecionais, sendo que a tarefa da formação é posicionar-se em uma dada posição e, ao mesmo tempo, assumir a forma desejada. No caso, o vetor das variáveis de formação corresponde a $\mathbf{q} = \begin{bmatrix}\mathbf{q}_p^T & \mathbf{q}_s^T\end{bmatrix}^T$, sendo $\mathbf{q}_p = \begin{bmatrix}x_F & y_F\end{bmatrix}^T$ o vetor que define a posição da formação, que coincide com a posição do robô 1, e $\mathbf{q}_s = \begin{bmatrix}\rho_F & \alpha_F\end{bmatrix}^T$ o vetor que caracteriza a forma da formação. Nesse exemplo, especificamente, a tarefa consiste em fazer a formação mover-se, saindo de uma posição inicial para uma posição desejada, além de manter uma forma desejada, ou seja, a formação deve cumprir uma tarefa de posicionamento. A posição inicial dos dois robôs no plano X^wY^w é $(-2\ m,\ -2\ m)$ e $(-5\ m,\ 0\ m)$, respectivamente, para o robô número 1 e para o robô número 2, ao passo que a posição final desejada para a formação é $(x_F = 6\ m,\ y_F = 10\ m)$, com a forma desejada definida por

$\rho_{Fd} = 3\ m$ e $\alpha_{Fd} = 0°$, que corresponde ao estado final do segmento de reta que caracteriza a estrutura virtual. Por sua vez, as matrizes que caracterizam o controlador usado (ver Equação (4.3)) são $\mathbf{K}_p = diag(5,\ 3,\ 3,\ 5)$ e $\mathbf{L}_s = diag(1,\ 1,\ 1,\ 1)$. Por fim, o tempo de amostragem considerado é de 100 ms, mais uma vez.

O exemplo é desenvolvido considerando-se duas subtarefas, que são mover a formação e manter a forma da formação. Para a primeira subtarefa teremos as variáveis da formação divididas em dois grupos, a saber, $\mathbf{q}_p = \begin{bmatrix} x_F & y_F \end{bmatrix}^T$ e $\mathbf{q}_s = \begin{bmatrix} \rho_F & \alpha_F \end{bmatrix}^T$. Assim, dois controladores como aquele na Equação (4.3) serão projetados, para cada uma das duas subtarefas, utilizando as matrizes $\mathbf{K}_p$ e $\mathbf{L}_s$ particionada em dois blocos de dimensão 2 cada um. Com isso, serão gerados os sinais de controle $\dot{\mathbf{q}}_{rp}$ e $\dot{\mathbf{q}}_{rs}$, cada um correspondendo à respectiva subtarefa.

Então, haverá duas possibilidades para gerar o sinal de controle $\dot{\mathbf{x}}_r$ da Figura 4.2, conforme a maior prioridade for dada a manter a forma da formação ou mover a formação. Assim, a matriz jacobiana na Equação (4.4) será particionada em duas matrizes de duas linhas e quatro colunas cada uma, a saber

$$\mathbf{J}_p(\mathbf{x}) = \begin{bmatrix} 1 & 0 & 0 & 0 \\ 0 & 1 & 0 & 0 \end{bmatrix} \text{ e } \mathbf{J}_s(\mathbf{x}) = \begin{bmatrix} \frac{x_1 - x_2}{r} & \frac{y_1 - y_2}{r} & \frac{x_2 - x_1}{r} & \frac{y_2 - y_1}{r} \\ \frac{-(y_2 - y_1)}{r^2} & \frac{-(x_2 - x_1)}{r^2} & \frac{(y_2 - y_1)}{r^2} & \frac{(x_2 - x_1)}{r^2} \end{bmatrix},$$

e tais submatrizes serão usadas para gerar os sinais de controle $\dot{\mathbf{x}}_{rp}$ e $\dot{\mathbf{x}}_{rs}$ (ver Figura 4.2). A partir daqui, resta gerar o sinal de controle $\dot{\mathbf{x}}_r$, usando o esquema ilustrado na Figura 5.1, modificado para contemplar apenas duas subtarefas. A partir daí, aplica-se a matriz de cinemática inversa correspondente, uma matriz bloco-diagonal em que os blocos na diagonal são as matrizes de cinemática inversa dos robôs omnidirecionais, gerando os comandos de velocidade a serem efetivamente aplicados aos dois robôs da formação.

Especificamente, no que se refere à obtenção de $\dot{\mathbf{x}}_r$, há duas possibilidades, que são atribuir maior prioridade a manter a forma da formação e atribuir maior prioridade a mover a formação. Os dois casos são exemplificados nas Figuras 5.2, 5.3 e 5.4, que mostram, respectivamente, os percursos dos dois robôs ao longo da tarefa, a situação inicial e a situação final da formação, no primeiro caso, a evolução das variáveis da formação, no segundo caso, e as velocidades comandadas aos veículos, no terceiro caso. Pode-se, assim, perceber que os percursos dos robôs, dadas as mesmas situações inicial e final da formação e as mesmas posições iniciais dos dois robôs, são bem diferentes, nos dois casos, como se deveria esperar, dada a diferença de prioridade na execução das subtarefas. Também se pode notar que as variáveis de forma são alcançadas rapidamente, e mantidas até o final da navegação, quando a prioridade é manter a forma da formação. Por fim, se pode perceber que uma vez atingida a forma desejada da formação, os robôs seguem navegando, agora com a mesma velocidade, para não desfazer a formação desejada ao longo da navegação, quando a prioridade é manter a forma da formação.

5.2.2 Exemplo 2: Formação de dois robôs omnidirecionais seguindo uma trajetória num ambiente com um obstáculo

Neste exemplo, serão consideradas três subtarefas, uma delas o desvio de obstáculos e as outras duas a manutenção da forma da formação e o movimento da mesma seguindo uma trajetória desejada. A técnica de desvio de obstáculo utilizada é a bem conhecida técnica dos campos potenciais artificiais [35, 17, 18]. Para implementar tal técnica, uma função potencial (na verdade, uma família de gaussianas) é associada a um obstáculo, sendo que tal função tem seu máximo coincidindo com a posição do obstáculo e decresce na medida que se consideram pontos mais distantes do obstáculo.

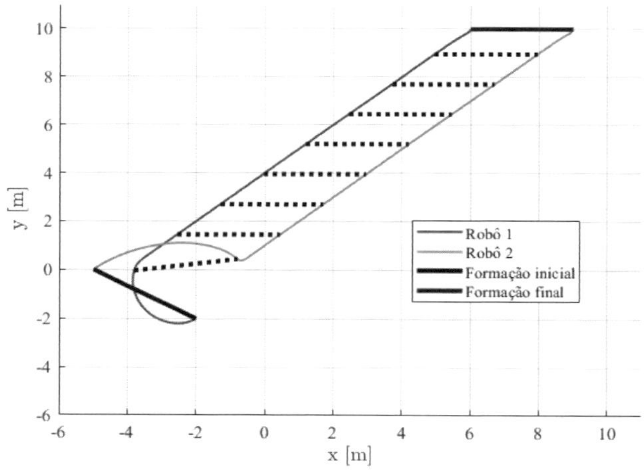

(a) Prioridade de forma

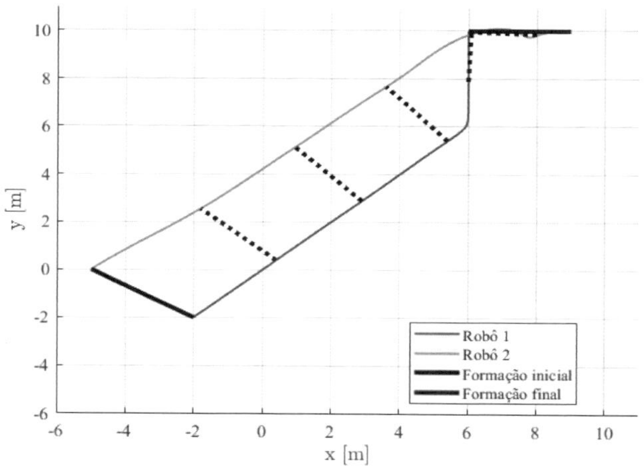

(b) Prioridade de Posição

Figura 5.2 – Percursos dos dois robôs, considerando uma formação de dois robôs omnidirecionais, nos casos de prioridade para manter a forma e para mover a formação, respectivamente. As linhas descontínuas representam configurações intermediárias da formação ao longo da navegação.

No caso de haverem muitos obstáculos, cada um deles tem uma função potencial a ele associada, e o campo potencial é a soma das funções poten-

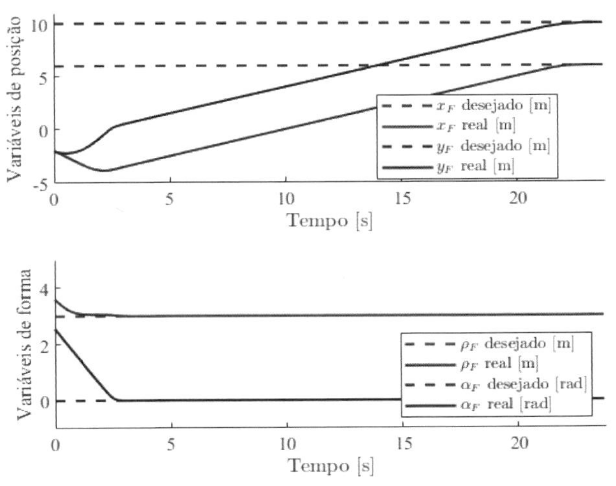

(a) Prioridade de forma

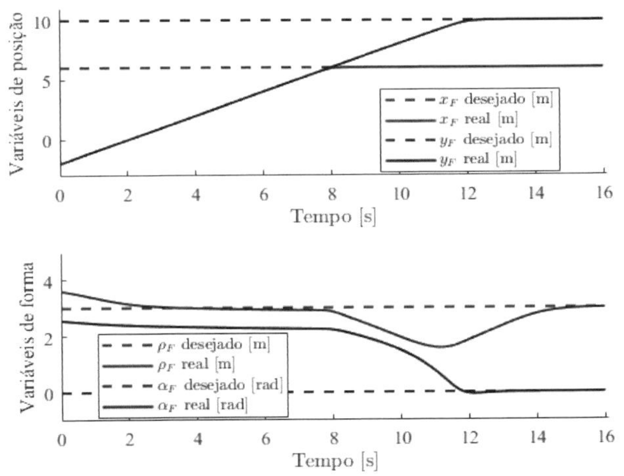

(b) Prioridade de Posição

Figura 5.3 – Evolução das variáveis da formação para os mesmos casos da Figura 5.2.

cial associadas aos diversos obstáculos. Em particular, se calibra a referida função potencial considerando que os obstáculos são aproximados por cilindros, e evitar os obstáculos significa fazer com que o robô navegue por pontos em que o potencial é inferior a um limiar muito próximo de zero.

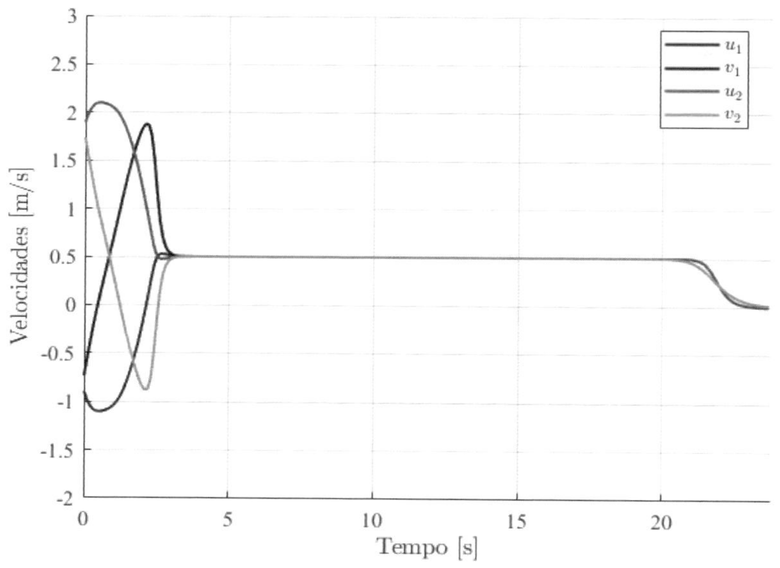

(a) Prioridade de forma

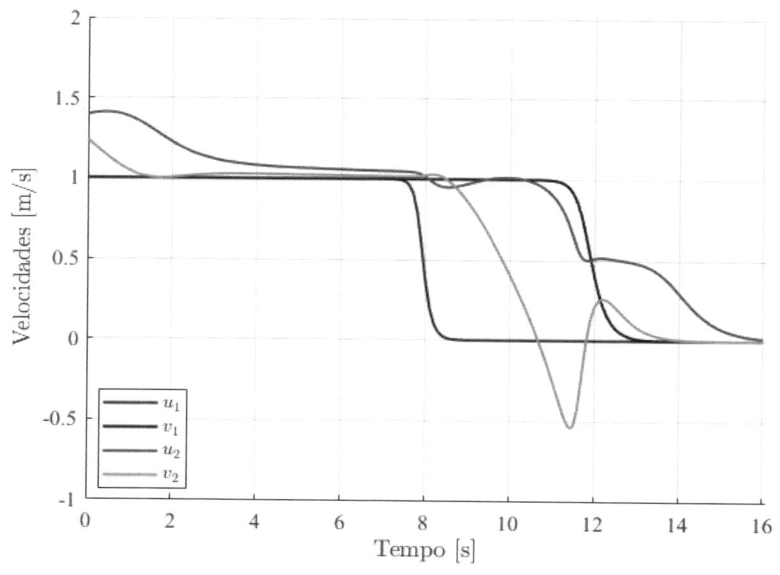

(b) Prioridade de Posição

Figura 5.4 – Velocidades dos dois robôs para os mesmos casos da Figura 5.2.

A função potencial, para um obstáculo situado nas coordenadas $(x_{ob},\ y_{ob})$ é dada por

$$V(t) = e^{-\left[\frac{x(t)-x_{ob}}{a}\right]^n - \left[\frac{y(t)-y_{ob}}{b}\right]^n}, \tag{5.1}$$

sendo n um inteiro positivo par (no exemplo é utilizado $n = 2$), e a e b parâmetros que permitem ajustar a altura e o espalhamento das curvas ao redor do obstáculo (no exemplo se utiliza $a = b = 0,5$). Observe-se que tal potencial decresce para posições $(x(t),\ y(t))$ do robô afastadas do obstáculo. Assim, a ideia aqui adotada para lidar com o desvio do obstáculo é projetar um controlador que guie o robô para posições em que o potencial fique abaixo de um valor pré-estipulado V_d, ou seja, $V(t) \leq V_d$. Como já mencionado, se houver mais de um obstáculo, o potencial total será dado pela soma dos potenciais associados a cada obstáculo, ou seja, $V(t) = \sum V_i(t)$, $i = 1, \cdots, k$, para k obstáculos. Para tal função potencial tem-se que

$$\begin{aligned}\dot{V} &= e^{-\left[\frac{x(t)-x_{ob}}{a}\right]^n - \left[\frac{y(t)-y_{ob}}{b}\right]^n} n\frac{(x(t)-x_{ob})^{n-1}}{a^n}\dot{x}(t)\\ &+ e^{-\left[\frac{x(t)-x_{ob}}{a}\right]^n - \left[\frac{y(t)-y_{ob}}{b}\right]^n} n\frac{(y(t)-y_{ob})^{n-1}}{b^n}\dot{y}(t),\end{aligned} \tag{5.2a}$$

ou seja,

$$\dot{V} = nV(t)\left[\frac{(x(t)-x_{ob})^{n-1}}{a^n}\dot{x}(t) + \frac{(y(t)-y_{ob})^{n-1}}{b^n}\dot{y}(t)\right], \tag{5.2b}$$

ou

$$\dot{V} = \begin{bmatrix}\frac{\partial V}{\partial x} & \frac{\partial V}{\partial y}\end{bmatrix}\begin{bmatrix}\dot{x} & \dot{y}\end{bmatrix}^T = \mathbf{J}_o\dot{\mathbf{x}}, \tag{5.2c}$$

sendo $\mathbf{J}_o$ a matriz jacobiana associada à variação do potencial como função da posição do robô. Note-se que para mais de um obstáculo $\dot{V}(t)$ será a soma das derivadas correspondentes ao potencial associado a cada obstáculo. Neste exemplo simulado, porém, somente um obstáculo é considerado, ou seja, o potencial total é aquele mostrado na Equação (5.1), e sua derivada é aquela na Equação (5.2c), em que também está definida a matriz $\mathbf{J}_o$.

Continuando com a caracterização do exemplo, os robôs considerados são dois veículos omnidirecionais, cuja cinemática é definida na Equação(2.15) e na Figura 2.5, mas considerando que sua orientação inicial é 0 rad, permanecendo assim durante toda a navegação (isso é possível, por se tratar de robôs omnidirecionais), o que faz com que sua matriz de cinemática direta seja uma matriz identidade. As posições iniciais dos dois robôs são (5 m, 0 m) para o primeiro robô, e (9 m, 0 m) para o segundo. Por sua vez, o obstáculo considerado está localizado na posição (-2 m, -4 m). A simulação considera que a formação segue uma trajetória, durante o tempo de 700 s, com o período de amostragem de 100 ms, sendo a posição da estrutura virtual a ela associada definida pela posição do primeiro robô. Assim, o vetor que caracteriza as variáveis da formação relacionadas à posição da formação é dado por $\mathbf{q}_p = \begin{bmatrix} x_F = x_1 & y_F = y_1 \end{bmatrix}^T$, para o qual os valores desejados são $\mathbf{q}_{pd} = \begin{bmatrix} 5\cos(2\pi t/250) & 5\,\mathrm{sen}(4\pi t/250) \end{bmatrix}^T$, caracterizando uma trajetória em forma de oito. O valor correspondente $\dot{\mathbf{q}}_{pd}$, então, é dado por $\begin{bmatrix} -10\pi/250\cos(2\pi t/250) & 20\pi/250\,\mathrm{sen}(4\pi t/250) \end{bmatrix}^T$. Por sua vez, o vetor das variáveis da formação que caracteriza sua forma é dado por $\mathbf{q}_s = \begin{bmatrix} \rho_F = \sqrt{(x_1 - x_2)^2 + (y_1 - y_2)^2} & \alpha_F = \mathrm{arctg}[(y_2 - y_1)/(x_2 - x_1)] \end{bmatrix}^T$, para o qual os valores desejados são $\mathbf{q}_{sd} = \begin{bmatrix} 3\ m & \pi/4\ rad \end{bmatrix}^T$, de forma que $\dot{\mathbf{q}}_{sd} = \begin{bmatrix} 0\ m/s & 0\ rad/s \end{bmatrix}^T$.

Para assegurar o desvio de obstáculo, é utilizado um controlador que gera componentes de velocidade, afastando a formação da região de potencial elevado no plano de navegação. Tal controlador, conforme discutido em [17], é tal que

$$\dot{\mathbf{x}} = \begin{bmatrix} \dot{x}_o & \dot{y}_o \end{bmatrix}^T = \mathbf{J}_o^{\dagger}(\dot{V}_d + k_{ob}\tilde{V}) = \mathbf{J}_o^{\dagger}[\dot{V}_d + k_{ob}(V - V_d)], \tag{5.3}$$

sendo $\dot{V}_d = 0$, já que se deseja que o veículo navegue por regiões com potencial próximo de zero, quando a curva de potencial está muito próxima de uma constante, $V_d = 0,1$, uma vez que a formação deve navegar por áreas de baixo potencial. Com relação ao ganho k_{ob}, utilizou-se o valor de $0,5$. Portanto, considerando o desvio de obstáculos, no caso aplicado aos dois robôs da formação, e mais o controle da forma e da posição da formação, quatro controladores são implementados, dois deles utilizando a lei de controle na Equação(5.3), cada um considerando o potencial correspondente à posição de um dos dois robôs, e mais dois controladores utilizando a lei de controle na Equação (4.3), agora considerando o vetor $\mathbf{q}$ das variáveis da formação particionado em $\mathbf{q}_p$ e $\mathbf{q}_s$. Para os dois primeiros controladores, o ganho k_{ob} é o mesmo. Já para os dois últimos controladores, as matrizes correspondentes são $\mathbf{K}_{pp} = diag(5,3)$ e $\mathbf{L}_{sp} = diag(1,1)$, para o caso das variáveis de posição, e $\mathbf{K}_{ps} = diag(3,5)$ e $\mathbf{L}_{ss} = diag(1,1)$, para o caso das variáveis de forma. No que se refere às prioridades atribuídas a cada subtarefa, a sequência, em ordem decrescente de prioridade, é desviar de obstáculos, manter a forma da formação e mover a formação, conforme a trajetória especificada.

As Figuras 5.5 e 5.6 sintetizam o resultado da simulação. Na primeira delas, se pode ver que, uma vez atingida a trajetória, os dois robôs navegam ao longo da mesma, com a prioridade de manter a forma desejada da estrutura virtual, até o momento em que aparece um obstáculo. Nesse momento, a formação prioriza desviar do obstáculo, o que implica em que se criam erros de forma e de posição da formação, os quais são novamente corrigidos após o obstáculo ser deixado para trás. Isso fica mais claro na segunda figura, na qual se pode perceber os erros de formação criados pela presença do obstáculo, no que se refere à posição e à forma da estrutura virtual sendo controlada. De qualquer forma, se pode perceber claramente que o objetivo de controle foi alcançado, ou seja, a formação segue a trajetória e desvia dos obstáculos que surgem em seu caminho.

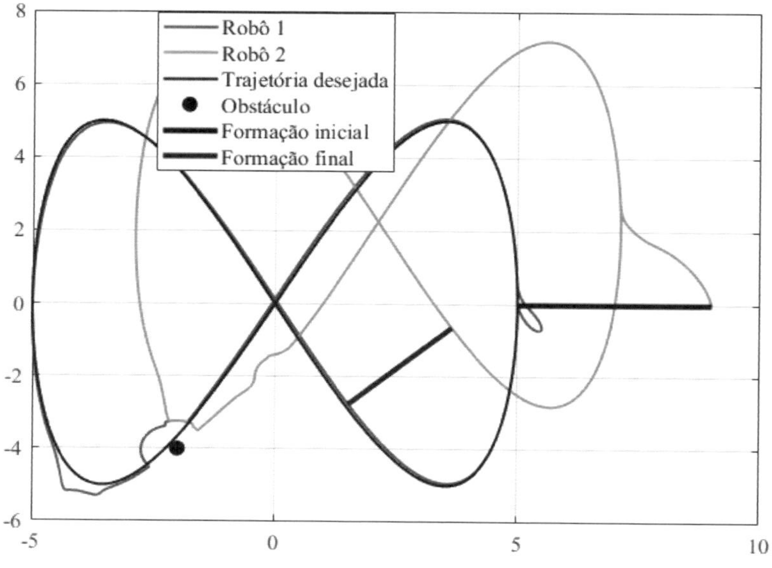

Figura 5.5 – Percursos correspondentes à simulação do seguimento de trajetória em forma de oito por dois robôs omnidirecionais, com desvio de obstáculo usando a técnica de espaço nulo.

É interessante observar que o obstáculo afeta os dois robôs, como se pode ver na Figura 5.5 e, assim, cada um deles modifica a formação no momento de desviar-se do obstáculo. Entretanto, após deixar o obstáculo para trás, em cada caso, a formação é recomposta, e o seguimento da trajetória segue normalmente, até o obstáculo ressurgir, após uma volta completa na trajetória. Então, o processo se repete, ocorrendo o desvio do obstáculo e a recomposição da forma e do movimento da formação.

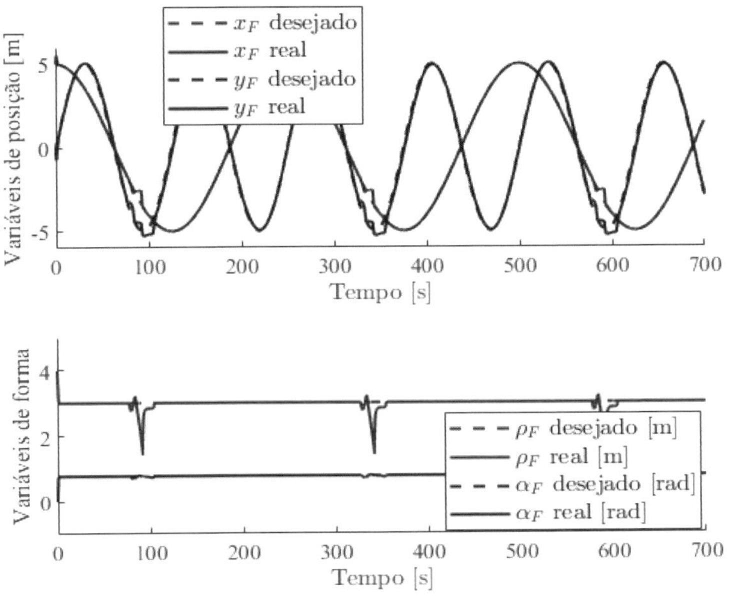

Figura 5.6 – Evolução das variáveis da formação correspondentes ao exemplo da Figura 5.5.

5.2.3 Exemplo 3: Posicionamento de uma formação composta por um robô uniciclo e um quadrimotor, com desvio de obstáculo no chão

Este exemplo corresponde a uma simulação envolvendo uma formação heterogênea composta por um robô uniciclo (o *Pioneer 3-DX*) e um quadrimotor (o *Bebop 2*), em uma tarefa de posicionamento da formação. A formação tem seu robô virtual coincidindo com o robô uniciclo, e há dois obstáculos no caminho da formação, situados no solo. Ou seja, são obstáculos apenas para o robô uniciclo. A técnica para desviar de obstáculos é, novamente, a técnica de campos potenciais artificiais, como no exemplo anterior, mas agora são consideradas apenas duas subtarefas, a saber, desviar-se dos obstáculos e mover a formação ao mesmo tempo que mantém a forma desejada. Então, dois controladores são utilizados, um para assegurar que o robô uniciclo desvia dos obstáculos, e outro para conduzir a formação. Portanto, tem-se um controlador projetado conforme a Equação (5.3) e outro projetado conforme a Equação (4.3). Os parâmetros de tais controladores são $k_{ob} = 2,5$, $\mathbf{K}_p = diag(1,\ 1,\ 1,\ 2,\ 4,\ 7)$ e $\mathbf{L}_s = diag(1,\ 1,\ 1,\ 1,\ 1,\ 1)$. Quanto à função que define o potencial associado aos obstáculos, os parâmetros são $n = 2$, $a = 0,4$ e $b = 0,4$, para ambos os obstáculos. Os obstáculos no caminho do robô uniciclo, e assim no caminho da formação, estão localizados nas posições $(2\ m,\ 4\ m)$ e $(4,25\ m,\ 3,8\ m)$, ambos na altitude $0\ m$. Quanto às prioridades para as duas subtarefas, a prioridade maior é para a subtarefa de desviar-se de obstáculos, em detrimento do controle da posição/forma da formação. Quanto à formação desejada, considerou-se $\mathbf{q}_d = \begin{bmatrix} 6\ m & 5\ m & 0\ m & 2\ m & \pi/2\ rad & \pi/4\ rad \end{bmatrix}^T$, com $\dot{\mathbf{q}}_d = \mathbf{0}$. Quanto ao controlador para desvio de obstáculos, utilizou-se os valores $\dot{V}_d = 0$ e $V_d = 0,01$. Por fim, as posições iniciais dos dois robôs são $(2\ m,\ 4\ m,\ 0\ m)$, para o robô uniciclo, e $(-1\ m,\ 3\ m,\ 0,75\ m)$, para o quadrimotor, ambos com orientação $0\ rad$.

Quanto à forma como foi implementada a arquitetura baseada em espaço nulo, a Figura 5.7 mostra um diagrama de blocos que detalha como foi projetada a estrutura de controle, considerando duas subtarefas, a primeira delas, de maior prioridade, sendo desviar de obstáculos, ficando mover/montar a formação desejada em segundo plano. Em tal figura, $\mathbf{J}_o^\dagger$ representa a pseudoinversa da matriz jacobiana correspondente ao desvio de obstáculos, com $\mathbf{J}_F^{-1}$ correspondendo ao controle da formação. A partir daí, obtém-se o sinal de controle a ser aplicado à formação como $\begin{bmatrix} u_p & \omega_p & u_{xq} & u_{yq} & u_{zq} & u_{\psi q} = 0 \end{bmatrix}^T$, enquanto o sinal de controle aplicado ao robô terrestre, que inclui o desvio de obstáculos, é dado por $\begin{bmatrix} \dot{x}_o & \dot{y}_o \end{bmatrix}^T + (\mathbf{I}_{2\times 2} - \mathbf{J}_o^\dagger \mathbf{J}_o)\mathbf{A}_p \begin{bmatrix} u_p & \omega_p \end{bmatrix}^T$, sendo que a multiplicação por $\mathbf{A}_p$, a matriz de cinemática direta do robô uniciclo, é necessária para trazer todas as velocidades para o sistema global de coordenadas. No caso do robô uniciclo, se considera a matriz na Equação (2.11), com $a = 20\ cm$ e $\alpha = 0\ rad$. A partir daí, o sinal de controle assim definido para o robô uniciclo é multiplicado pela matriz de cinemática inversa $\mathbf{A}_p^{-1}$,

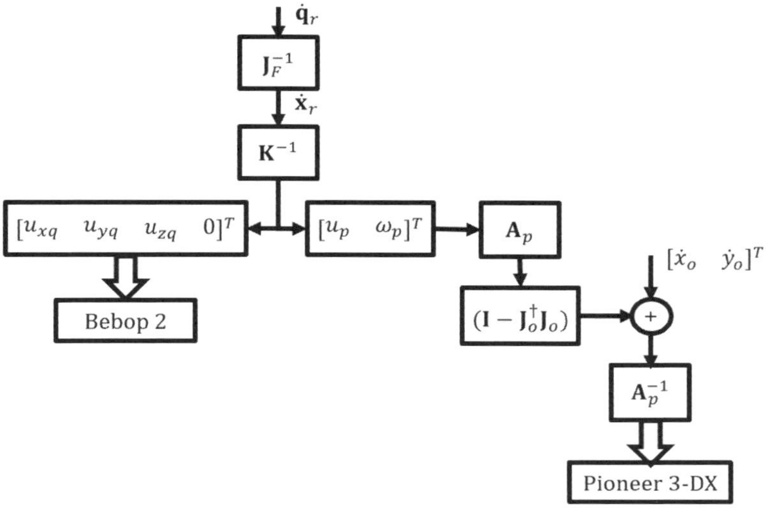

Figura 5.7 – Diagrama de blocos correspondente ao sistema de controle com desvio de obstáculos implementado.

para gerar os comandos de velocidade no sistema de coordenadas do veículo. Por fim, a matriz $\mathbf{K}^{-1}$, correspondente à cinemática inversa da formação, é dada por $\mathbf{K}^{-1} = diag(\mathbf{A}_p^{-1},\ \mathbf{A}_q^{-1})$, sendo $\mathbf{A}_q^{-1}$ a matriz de cinemática inversa do quadrimotor.

A Figura 5.8 ilustra o resultado da simulação. Ela mostra, sob duas vistas, uma 3D e uma XY, as posições iniciais dos dois robôs (triângulo azul para o quadrimotor e triângulo vermelho para o robô uniciclo), assim como suas posições finais (ícones representativos dos robôs, coincidentes com um círculo vermelho, no caso do robô uniciclo, e um círculo azul, no caso do quadrimotor) e os respectivos percursos até atingir a forma/posição final desejada para a formação, após deixar os dois obstáculos para trás. Em particular, a linha preta descontínua mostra a estrutura virtual que se deseja alcançar na simulação.

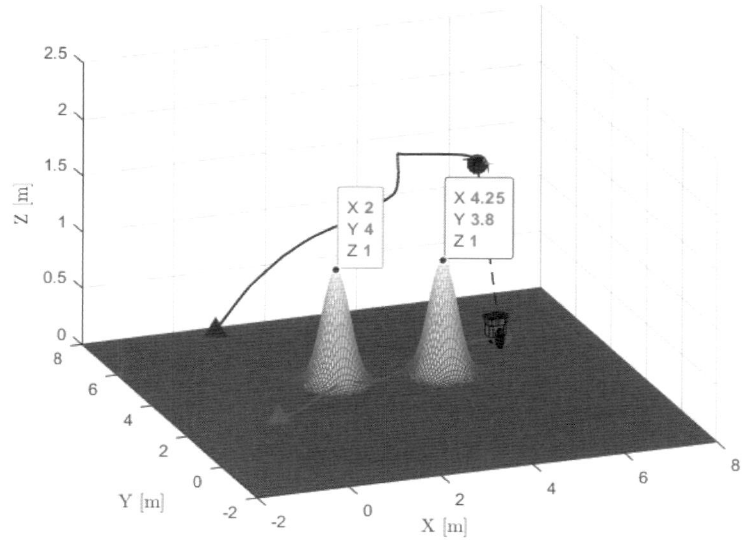

(a) Vista 3D

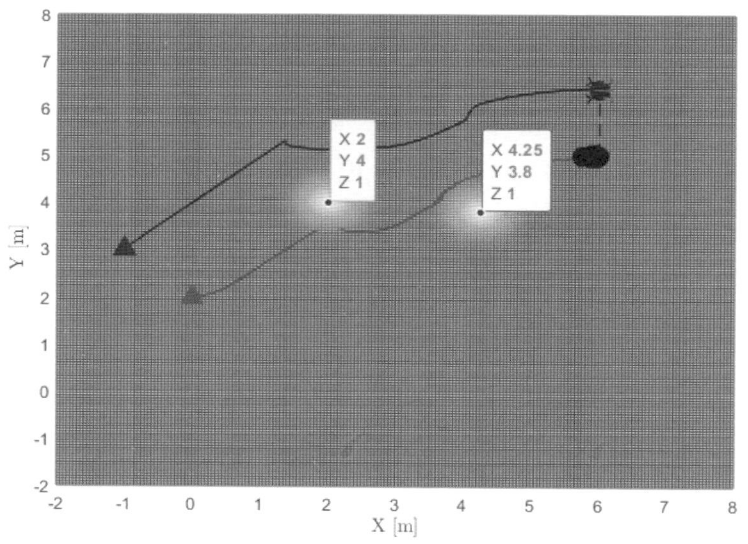

(b) Vista XY

Figura 5.8 – Percursos dos robôs da formação, com desvio de dois obstáculos, numa tarefa de posicionamento da formação. São mostradas as posições iniciais e finais dos dois robôs, assim como as posições dos dois obstáculos.

Capítulo 6

Conclusão

Este livro tratou do controle de formações envolvendo vários robôs, os chamados sistemas multirrobôs. Foram consideradas formações homogêneas, a saber: formações compostas por robôs de mesma cinemática, exclusivamente robôs a rodas de tração diferencial, robôs a rodas omnidirecionais e robôs aéreos tipo quadrimotor; e também formações heterogêneas, aquelas compostas por robôs de diferentes cinemáticas (em particular, foram considerados casos de um robô terrestre de tração diferencial e um quadrimotor).

Em todos os casos, foram consideradas tarefas de posicionamento da formação, de seguimento de caminho pela formação e de rastreamento de trajetória pela formação. Em todos os casos, o sistema de controle é baseado na técnica de linearização por realimentação, em que um controlador não linear é usado para constituir o laço de controle com a planta não linear desejada (o sistema multirrobôs), de forma a se obter uma equação característica (a equação de malha fechada do sistema) linear, cujos coeficientes são positivos, resultando num comportamento assintoticamente estável do erro de posição da formação em relação ao ponto, caminho ou trajetória desejados, que converge para zero.

São considerados em detalhes os três principais paradigmas de controle de formações de múltiplos robôs, e em todos os casos são mostrados vários exemplos, considerando simulações e experimentos reais. No caso das simulações, são considerados robôs a rodas de tração diferencial (o bem conhecido robô *Pioneer 3-DX*) e omnidirecionais, assim como *drones* do tipo quadrimotor (o bem conhecido *Bebop 2*). Já nos casos de experimentos reais, apenas o robô *Pioneer 3-DX* e o quadrimotor *Bebop 2* são utilizados.

Assim, embora abordando um tema muito específico, este texto pode contribuir de forma significativa para estudantes em nível de pós-graduação, assim como pesquisadores que se interessem pelo tema, por si próprio um tema bastante recente na literatura, e que tem sido bastante explorado recentemente, por exemplo, em contextos como entrega de pacotes, automação de grandes armazéns/depósitos, agricultura de precisão e atendimento a desastres com busca de sobreviventes.

Referências

[1] M. Fiedeń and J. Bałchanowski, "A mobile robot with omnidirectional tracks - design and experimental research," *Applied Sciences*, vol. 11, no. 24, 2021. [Online]. Available: https://www.mdpi.com/2076-3417/11/24/11778

[2] G. I. R. K. Galgamuwa, L. K. G. Liyanage, M. P. B. Ekanayake, and B. G. L. T. Samaranayake, "Simplified controller for three wheeled omni directional mobile robot," in *2015 IEEE 10th International Conference on Industrial and Information Systems (ICIIS)*, 2015, pp. 314–319.

[3] M. Hijikata, R. Miyagusuku, and K. Ozaki, "Wheel arrangement of four omni wheel mobile robot for compactness," *Applied Sciences*, vol. 12, no. 12, 2022. [Online]. Available: https://www.mdpi.com/2076-3417/12/12/5798

[4] H. N. Marciano, A. O. Pinto, V. P. Bacheti, M. S. M. Moreira, A. S. Brandão, and M. Sarcinelli Filho, "Modelagem de alto nível e controle do quadrimotor *Bebop 2*," in *Anais do XXIII Congresso Brasileiro de Automática (CBA 2020)*, vol. 2, no. 1, Formato Virtual, Novembro 2020 2020.

[5] H. Neves Marciano, A. Santos Brandão, and M. Sarcinelli Filho, "Uso de quatérnios para solução do problema de singularidade de uma formação vant-vtnt," in *2021 14th IEEE International Conference on Industry Applications (INDUSCON)*, 2021, pp. 1094–1101.

[6] V. P. Bacheti, A. S. Brandão, and M. Sarcinelli Filho, "A path-following controller for a uav-ugv formation performing the final step of last-mile-delivery," *IEEE Access*, vol. 9, pp. 142 218–142 231, 2021.

[7] L. E. Parker, D. Rus, and G. S. Sukhatme, "Multiple mobile robot systems," in *Springer Handbook of Robotics*, B. Siciliano and O. Khatib, Eds. Oxford: Springer, 2016, ch. 53, pp. 1335–1384.

[8] D. K. D. Villa, A. S. Brandão, R. Carelli, and M. Sarcinelli Filho, "Cooperative load transportation with two quadrotors using adaptive control," *IEEE Access*, vol. 9, pp. 129 148–129 160, 2021.

[9] L. Consolini, F. Morbidi, D. Prattichizzo, and M. Tosques, "Leader–follower formation control of nonholonomic mobile robots with input constraints," *Automatica*, vol. 44, no. 5, pp. 1343–1349, 2008.

[10] L. V. Santana, A. S. Brandão, and M. Sarcinelli Filho, "On the design of outdoor leader-follower uav-formation controllers from a practical point of view," *IEEE Access*, vol. 9, pp. 107 493–107 501, 2021.

[11] V. P. Bacheti, A. S. Brandão, and M. Sarcinelli Filho, "Leader-follower ugv-uav formation as control paradigm for package delivery," in *2022 International Conference on Unmanned Aircraft Systems (ICUAS)*, 2022, pp. 772–778.

[12] M. A. Lewis and K.-H. Tan, "High precision formation control of mobile robots using virtual structures," *Autonomous Robots*, vol. 4, no. 4, pp. 387–403, October 1997.

[13] M. F. S. Rabelo, A. S. Brandão, and M. Sarcinelli Filho, "Landing a uav on static or moving platforms using a formation controller," *IEEE Systems Journal*, vol. 15, no. 1, pp. 37–45, 2021.

[14] C. Z. Resende, R. Carelli, and M. Sarcinelli Filho, "A path-following controller for guiding a single robot or a multi-robot system," *Journal of Control, Automation and Electrical Systems*, vol. 32, pp. 895–909, 2021.

[15] G. Antonelli, F. Arrichiello, and S. Chiaverini, "The null-space-based behavioral control for autonomous robotic systems," *Intelligent Service Robotics*, vol. 1, no. 1, pp. 27–39, 2008.

[16] C. D. Rosales, P. Leica, M. Sarcinelli Filho, G. Scaglia, and R. Carelli, "3d formation control of autonomous vehicles based on null-space," *Journal of Intelligent & Robotic Systems*, vol. 84, no. 1, pp. 453–467, 2016.

[17] M. C. P. Santos, C. D. Rosales, M. Sarcinelli Filho, and R. Carelli, "A novel null-space-based uav trajectory tracking controller with collision avoidance," *IEEE/ASME Transactions on Mechatronics*, vol. 22, no. 6, pp. 2543–2553, 2017.

[18] M. S. M. Moreira and M. Sarcinelli Filho, "Obstacle avoidance for a heterogeneous formation using the null space-based behavioral approach and potential fields," in *Proceedings of the 2022 International Conference on Unmanned Aircraft Systems (ICUAS)*, 2022, pp. 753–761.

[19] V. Ernandes-Neto, M. Sarcinelli Filho, and A. S. Brandão, "Null space-based formation control with leader change possibility," in *2019 19th International Conference on Advanced Robotics (ICAR)*, 2019, pp. 266–271.

[20] C. Kitts and I. Mas, "Cluster space specification and control of mobile multirobot systems," *IEEE/ASME Transactions on Mechatronics*, vol. 14, no. 2, pp. 207–218, 2009.

[21] G. Antonelli, F. Arrichiello, and S. Chiaverini, "Stability analysis for the null-space-based behavioral control for multi-robot systems," in *2008 47th IEEE Conference on Decision and Control*, 2008, pp. 2463–2468.

[22] ——, "The null-space-based behavioral control for mobile robots," in *2005 International Symposium on Computational Intelligence in Robotics and Automation*, 2005, pp. 15–20.

[23] F. N. Martins, W. C. Celeste, R. Carelli, M. Sarcinelli Filho, and T. F. Bastos-Filho, "An adaptive dynamic controller for autonomous mobile robot trajectory tracking," *Control Engineering Practice*, vol. 16, no. 11, pp. 1354–1363, 2008.

[24] H. K. Khalil, *Nonlinear Systems*, 3rd ed. Prentice Hall, 2002.

[25] B. Siciliano, "A closed-loop inverse kinematic scheme for on-line joint-based robot control," *Robotica*, vol. 8, no. 3, p. 231–243, 1990.

[26] G. Antonelli, "Stability analysis for prioritized closed-loop inverse kinematic algorithms for redundant robotic systems," *IEEE Transactions on Robotics*, vol. 25, no. 5, p. 985–994, October 2009.

[27] P. Geoffroy, N. Mansard, M. Raison, S. Achiche, and E. Todorov, "From inverse kinematics to optimal control," in *Advances in Robot Kinematics*, L. J. and K. O., Eds. Springer, Cham, 2014, pp. 409–418.

[28] B. E. Ilon, "Wheels for a course stable selfpropelling vehicle movable in any desired direction on the ground or some other base," 1972, US Patent 3,876,255.

[29] L. V. Santana, A. S. Brandão, M. Sarcinelli Filho, and R. Carelli, "A trajectory tracking and 3d positioning controller for the AR.Drone quadrotor," in *2014 International Conference on Unmanned Aircraft Systems (ICUAS)*. IEEE, 2014, pp. 756–767.

[30] L. V. Santana, A. S. Brandão, and M. Sarcinelli-Filho, "Navigation and cooperative control using the ar.drone quadrotor," *Journal of Intelligent Robotic Systems*, vol. 84, no. 1, pp. 327–350, 2016.

[31] M. Sarcinelli-Filho and R. Carelli, "Dynamic models," in *Control of Ground and Aerial Robots*. Cham, Switzerland: Springer International Publishing, 2023, pp. 23–39.

[32] M. Sarcinelli Filho and R. Carelli, "Motion control," in *Control of Ground and Aerial Robots*. Cham, Switzerland: Springer International Publishing, 2023, pp. 41–97.

[33] A. S. Brandão, V. T. L. Rampinelli, F. N. Martins, M. Sarcinelli Filho, and R. Carelli, "The multilayer control scheme: A strategy to guide n-robots formations with obstacle avoidance," *Journal of Control, Automation and Electrical Systems*, vol. 26, no. 3, pp. 201–214, Jun 2015.

[34] R. Brooks, "A robust layered control system for a mobile robot," *IEEE Journal on Robotics and Automation*, vol. 2, no. 1, pp. 14–23, 1986.

[35] B. Kovács, G. Szayer, F. Tajti, M. Burdelis, and P. Korondi, "A novel potential field method for path planning of mobile robots by adapting animal motion attributes," *Robotics and Autonomous Systems*, vol. 82, pp. 24–34, 2016.

Índice remissivo

Compensador dinâmico, 29
Controlador de cinemática inversa, 30
Controle baseado em comportamentos, 24, 28, 96
Controle comportamental baseado em espaço nulo, 96

Espaço da formação, 75
Espaço dos robôs, 75
Estrutura com um líder e um seguidor, 48
Estrutura com um líder e vários seguidores, 50
Estrutura de controle multicamadas, 74
Estrutura líder-seguidor, 24, 47
Estrutura líder-seguidor com mais de dois robôs, 50
Estrutura líder-seguidor com vários líderes e seus seguidores, 51
Estrutura virtual, 24, 26, 69
Estrutura virtual linear, 70
Estrutura virtual triangular, 71
Exemplos de controle comportamental baseado em espaço nulo, 99
Exemplos de controle de estruturas virtuais, 77
Exemplos de controle de formações líder-seguidor, 52
Exemplos de estruturas virtuais, 70

Hierarquia de subtarefas, 95

Jacobiano da formação, 75

Matriz de cinemática inversa da formação, 76
Modelos cinemáticos, 29, 35, 36, 40, 43

Posicionamento, 32

Robô virtual, 70, 72
Robôs omnidirecionais, 40
Robôs uniciclo, 36

Seguimento de caminho, 33
Seguimento de trajetória, 30, 47

Sistema de controle para a estrutura virtual, 72
Sistemas multirrobôs, 23

VANT, 43
Variáveis da formação, 27, 70
Variáveis dos robôs, 27

GRÁFICA PAYM
Tel. [11] 4392-3344
paym@graficapaym.com.br